めんそーれ！ 化学

―おばあと学んだ理科授業

盛口 満

岩波ジュニア新書 889

はじめに――60年間、まちかんてぃ

「えーっ、なにかごちそうが出てくるのかね？」

教室に鍋《なべ》やコンロを持ちこむと、こんな声があがった。

この年の理科の授業の最初の日、僕《ぼく》が授業の冒頭《ぼうとう》にやったのは、ジャガイモの皮をむき、肉や酒、しょうゆとともに煮《に》て、肉じゃがをつくることだった。

鍋をコンロの火にかけてから、黒板に「料理　肉じゃが」「材料　ジャガイモ、肉」と書く。

「理科と料理は、けっこう関係が深いんですよ」

僕はコンロの上にのっている鍋を指してこう言った。

「あーっ、理科と料理とでは字が反対？　あっ、よく似ている字だけど、科と料ではちがうねえ」

生徒の一人がこんなことを言うので、笑ってしまう。

これは、夜間中学の理科の授業の一コマだ。

夜間中学の生徒たちは、夜間中学に通ってから、ようやく字を書けるようになったという生徒もいる。字が書けなかったころ、えんぴつはとてつもなく重たく感じるものだった、と語った生徒もいる。そのぶん、夜間中学に通いだし、自分で思ったことを字にあらわし、文章にできたときの喜びは大きい。

だから、夜間中学の生徒たちは、理科の授業のなかでも、「科」と「料」という漢字が似通っているといったことに、つい、反応してしまうのだ。


小学校と中学校は義務教育の課程にあたると定められている。だから、本来は国民すべてが小中学校の教育を受けているはずである。でも、実際は、義務教育を満足に受けることができなかった人たちがいる。

この本で紹介するのは、10年ほど前に、僕が沖縄県那覇市《おきなわけんなはし》にある珊瑚舎《さんごしゃ》スコーレ夜間中学で理科の授業をしていたときの、1年間の授業記録をもとにしたものだ(僕はその後、本業である大学の教員生活がいそがしくなって夜間中学で授業をすることができなくなっているが、珊瑚舎スコーレ夜間中学は今も続いている)。

僕が担当していたのは、中学3年生のクラスだった。3年生のクラスには、中国人女性、台湾人女性がそれぞれ1人ずつ生徒となっていたが、残りは地元沖縄出身の生徒であり、そのほとんどが女性、それも60代以上の女性だった(1年間コンスタントに授業に参加した生徒は8名ほどだった)。

第2次世界大戦において、本土防衛の時間かせぎのために、沖縄島《おきなわじま》は住民ごと激烈《げきれつ》な地上戦にまきこまれた。それにより、じつに県民の4人に1人が命を落とすことになった。その影響は戦後まで長く続く(今もなお、沖縄には日本にある米軍基地の7割が集中している)。

そうした戦中戦後の混乱期に、満足に義務教育を経験することのできなかった人々が生まれた。そしてそれは、圧倒的に女性が多かった。貧困な状況下におかれたとき、男子は学校に行かせても、女子は幼いうちから家事手伝いや労働にかりだされる傾向が強かったからだ。

珊瑚舎スコーレの事務局では、入学した夜間中学の生徒たちから、入学にいたった経緯の聞き書きをしている。その記録を引用すると、たとえば「小学校は入学どころか校門をくぐったこともありません」といった話や、「父は病死と言っていますが、戦争中に爆風で飛ばされ、1週間意識不明になり、意識はもどったものの、戦後すぐに亡《な》くなりました。私は7

歳でした……」といった話のように、さまざまな苦難の経験が語られている。

それでも、夜間中学の授業では、生徒はみな屈託《くったく》がなく笑いが絶えない。珊瑚舎スコーレ夜間中学校の通信は「まちかんてぃ」と名づけられているけれど、これは沖縄の言葉(ウチナーグチ)で「待ちかねた」という意味だ。そしてこの通信名は、夜間中学1期生として入学した生徒が、「自分は学校に通いたいと思って60年待ちかねていました。ようやく、私が通える学校ができました……」と語ったことからつけられた。

第2次世界大戦は1945年に日本が敗戦となり、終わりを告げる。それからすでに70年以上がたつ。

夜間中学に通う生徒たちは、年々、高齢となっている。

それでもなお、学校に通おうと思うのはなぜだろう。

「年をとると、忘れっぽくなってしまいます。教わったこともすぐに忘れてしまいます。でも、学ぶことは楽しいです。それは、新しい自分に出会えるからです」

夜間中学の生徒たちは、異口同音《いくどうおん》に、学校に通う理由をこう、語る。

「いい大学に入るために」でも「試験にでるから」でも「将来、いい会社に入るために」でもない学びが、ここにある。

はじめに

僕は小さなころから生き物が好きだった。大学では生物学を学び、大学を出てからは、埼玉の私立の中学・高等学校で、生物を専門とする理科の教員をしていた。その後、沖縄に移住し、今は小さな私立大学で小学校の教員を志望している学生たちを相手に、理科教育の授業を担当している。

僕はこれまで、理科が苦手だったり、生き物や自然現象にとりたてて興味を持っていなかったりする中高生に、何人も出会った。今、僕の勤めている大学で出会う学生たちも、どちらかといえば、理科は得意ではないという学生が多い。

僕はそうした「理科が苦手」「理科に特別、興味は持っていない」という生徒や学生に、「どうやったら、理科をおもしろく思ってもらえるだろうか」とずっと考えてきた。でも、夜間中学で出会ったのは、「これまで一度も理科を学んだことがない」という生徒たちだった。

理科を学んだことが一度もなく、60代や70代になった人たちに、いったいどんな理科の授業をすることができるのだろう。

これは僕にとって、闇夜《やみよ》のなかで手探りのさがしものをするかのような問いかけだった。

でも、その手探りのなかから僕は、理科とはどんなことを学ぶ教科なのかを、あらためて教えてもらえた気がする。

この本で紹介する夜間中学3年のクラスの理科では、化学をテーマとすることにした。というのもこの学年は、2年生のときに別の講師が生物や地学の分野を扱っていたからだ。先に書いたように、僕の専門は生物学だ。一方、この本で紹介するのは僕の専門としていない化学についてだ。だから、授業のとき、教えている僕自身、よくわかっていないことがあったことを、ここで正直に告白しておきたい。

でも、僕がこの本を書こうと思ったわけは、ちゃんとある。もし化学に苦手意識がある人がいるとしたら、この本で紹介したような「地点」から、化学について見直すことができるんじゃないかということだ。だってこの本は、一度も化学を勉強したことがない人たちの化学との出会いの記録なのだから。

それに、本文を読むとわかると思うのだけれど、夜間中学の生徒たちは、僕らとはちがった経験知を持っている人たちだ。つまり、夜間中学の生徒たちは、本や学校から得たのではない知識とは、どんなものかということを僕たちに教えてくれる存在だ。

僕と、(その多くは)おばあちゃんたち(沖縄風にいえば、おばあたち)との授業の輪に、読者のみなさんも一緒に入って、あれこれ考えてみてほしい。沖縄の言葉では、「いらっしゃい」を「めんそーれ」と言う。

では、みなさんがこれまで持っていた「化学」のイメージと、ちょっと違う化学の世界へ「めんそーれ」!

目次

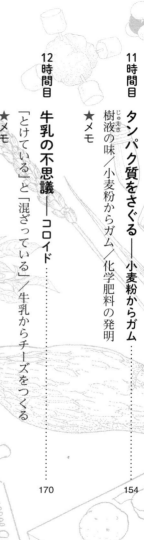

イラスト＝著者

1時間目　料理から化学
——肉じゃがをつくる

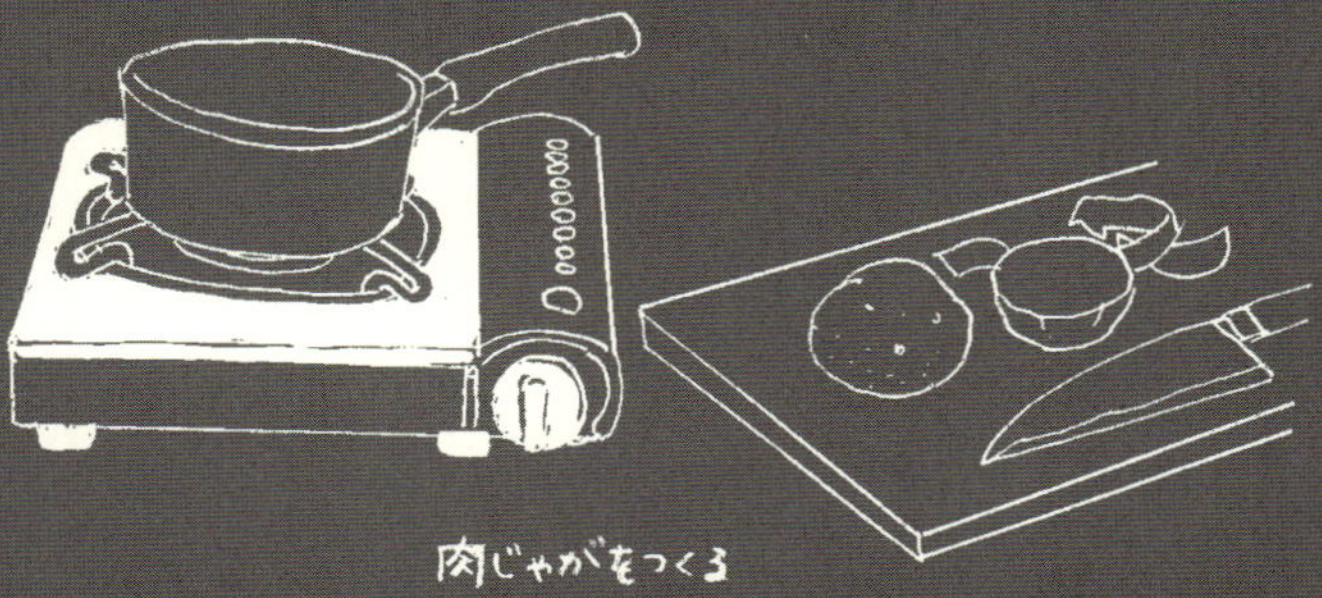

ものを小さく、くだいていくと

「はじめに」に書いたように、僕は夜間中学の授業の最初に、いきなり肉じゃがをつくることから授業を始めた。

化学といえば、どんなことをイメージするだろう。

原子・分子？　化学式？　化学変化？　それとも実験？

でも、夜間中学の生徒たちは、おそらく「化学変化」なんて言葉は聞いたことがないはずだ。そうした生徒たちに、「化学変化とは……」といきなり切り出しても、興味をもってもらえないかもしれない。

その反面、生徒たちは、料理なら、それこそ何十年も手がけてきた人たちだ。

化学変化の特徴とは、「ものが、反応する前からすっかり変わって元にもどらないこと」だ。肉じゃがも、料理前の肉やじゃがいもとは「すっかり変わって元にもどらない」。つまり、化学変化をおこしている。肉じゃがに限らず、料理には加熱がつきものであるけれど、これまた化学変化の特徴には「熱の出入りがともなう」こともあげられる。

「みなさんは、それと気づかないだけで、これまでも、化学につながることをずっとしてきたんですよ」

それが、僕が肉じゃがづくりで生徒たちに伝えたかったことだ。

できるだけ、生徒みんなの体験に結びつく授業をしてみよう。夜間中学での授業にあたって、僕はそんなふうに考えた。

そもそも、珊瑚舎《さんごしゃ》スコーレ夜間中学は、民間の運営している、昼間はフリースクールの生徒たちが学んでいる教室で開かれている学校だ。専用の理科室も、薬品棚もない。設備的にも、できるだけ身近なものを使って授業をせざるを得ないのだ。

肉じゃがの鍋《なべ》を火にかけて煮《に》こみ始めた後で、続いて、僕はロウソクを取りだし、火をつけた。

「これはロウソクです。このロウソクにも〝材料〟があります」

「センセイ、この前、テレビでハチミツからロウソクをつくるといっていたけど、本当ですか?」

「ロウソクは木からつくるんじゃなかったかね?」

生徒が口々に、そんなことを言ってくる。

夜間中学の授業では、僕がなにかを言うと、すぐに生徒たちからいろんな反応が返されるのが楽しい。ただ、みんな学校になれていないから、ついつい、手をあげて順番に発言するなんてことを忘れて、口々に勝手に思ったことをしゃべり出すので、交通整理が大変だ。

このやりとりで、僕は自分の質問のしかたがまずかったということに気がついた。本当は、ロウソクは、ロウという材料を加工してつくった灯《あか》りをともすための〝もの〟であるということを言いたかったのだけれど、生徒たちは、ロウソクのロウは、そもそも何からつくったのかというほうに、僕の質問を聞いてしまったのだ。

でも、せっかくの質問なので、ロウの〝原料〟についても寄り道をしてみよう。

ロウソクは、昔から日本ではハゼノキの実からロウを集めて、和ロウソクとよばれるものをつくっていた(**図1－1**)。一方、生徒の一人が言ったように、西洋ではミツバチのつくっ

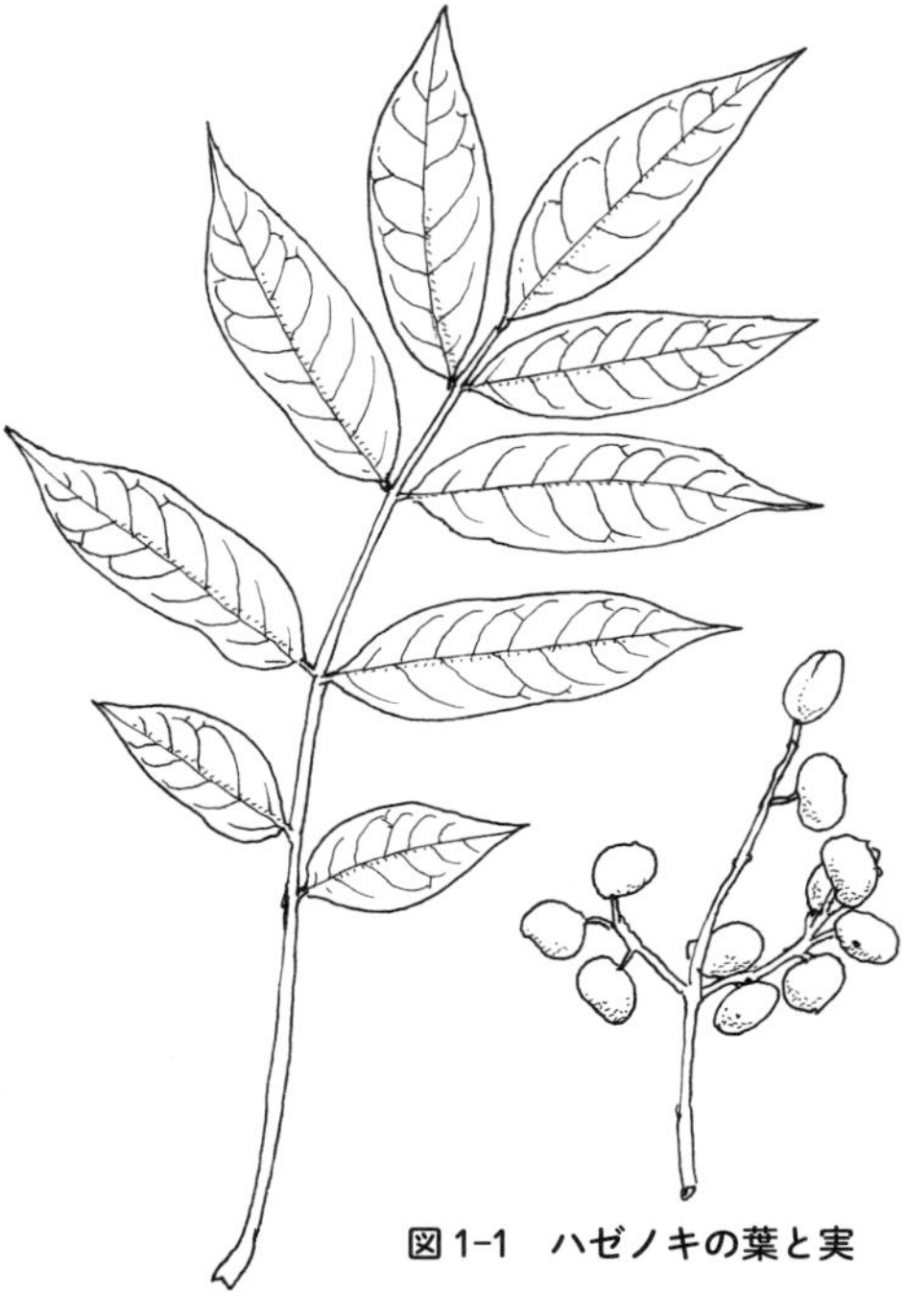

図1-1　ハゼノキの葉と実

た蜜《みつ》ロウ（ミツバチがつくる、一つひとつの部屋の断面が6角形をした巣盤《すばん》［図2－2参照］は、ロウでできている。ためしにミツバチの巣盤をライターであぶると、とろりととける）で、かつてはつくっていた。

今でも自然素材からつくる「体に優しいクレヨン」には蜜ロウが使われたりしている。

ところが文明の発達とともに、照明に使う蜜ロウの供給が追いつかないようになり、その代用として、より多量に得られるマッコウクジラの脂《あぶら》が求められるようになった。

ちなみに、江戸幕府の鎖国《さこく》政策を変更させた歴史上のできごとに、アメリカからのペリーの来航があるけれど、このペリーが日本へ開港を迫った理由のひとつにも、捕鯨船《ほげいせん》への物資補給があった。当時の捕鯨船は、とらえたクジラから脂をとるのに、大量のまきや水を必要としたからだ。その捕鯨業の衰退《すいたい》と交代するかのように、石油の発見、活用が見られるようになる。

「だから、今ではロウソクは石油からつくられていますよ」

「えーっ。石油？」

「ハゼノキからつくったロウソクは、色は白いんですか？」

「クリスマスの色つきロウソクはどうしているんですか？」

しばし、こんなやりとりをする。

そのうえで、ようやく「原料はいろいろあるけれど、白っぽくて、熱するととけて、なかに芯《しん》を入れた円筒状《えんとうじょう》のものがロウソク」ということを確認してもらった。

黒板に「ロウソク」と書く。

その下に「コップ」と書いて、「コップの材料は何ですか？」と聞いてみる。すぐに「ガラス」という答えが返ってくる。そこで、「コップ」の横に矢印を書き、「ガラス」とつづけて書く。さらに、

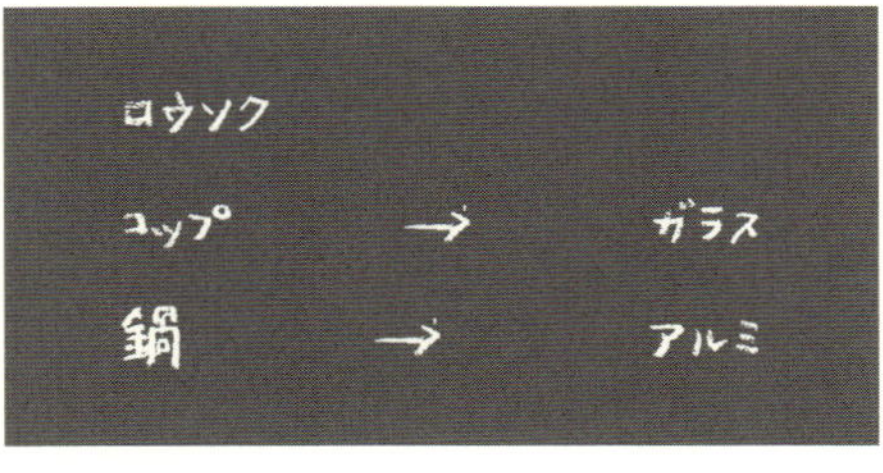

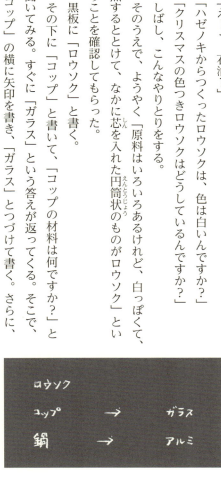

「コップ」の下に「鍋《なべ》」と書く。そして、肉じゃがをつくっている鍋を指して「この鍋は何でできていますか?」と聞いた。「鍋」のとなりにつけた矢印の先に書いたのは、「アルミ」という文字だ。

「コップや鍋のように、身近に見かける〝もの〟は、たいてい道具としての名前や役割があります。でもたとえば、コップは割れてしまうと、もう水を飲むのにはつかえないですね。ただのガラスのカケラになってしまいます。

このコップの材料にあたるガラスのことを〝物質〟と化学ではよびます。鍋をつくっている物質はアルミです。じゃあ、ロウソクをつくっている物質は何でしょう?

ロウソクはこんなふうに円筒形をして、なかに芯があるから火がつくんですよね。このロウソクをバラバラにくだいて、芯を抜いてしまうと、もうロウソクとはよべません」

ここで、黒板の「ロウソク」の文字につづけて、矢印と、「ロウ」と書いた。

くだいたロウをさらにくだいて、どんなに小さくしてもロウであることを生徒に見せた。

ここで、財布からお金をとりだした。まず1万円札を見せ、これを両替すると1000円札、100円玉、10円玉……最後は1円になると、もうそれ以上は細かくはできないですよねと、話す。

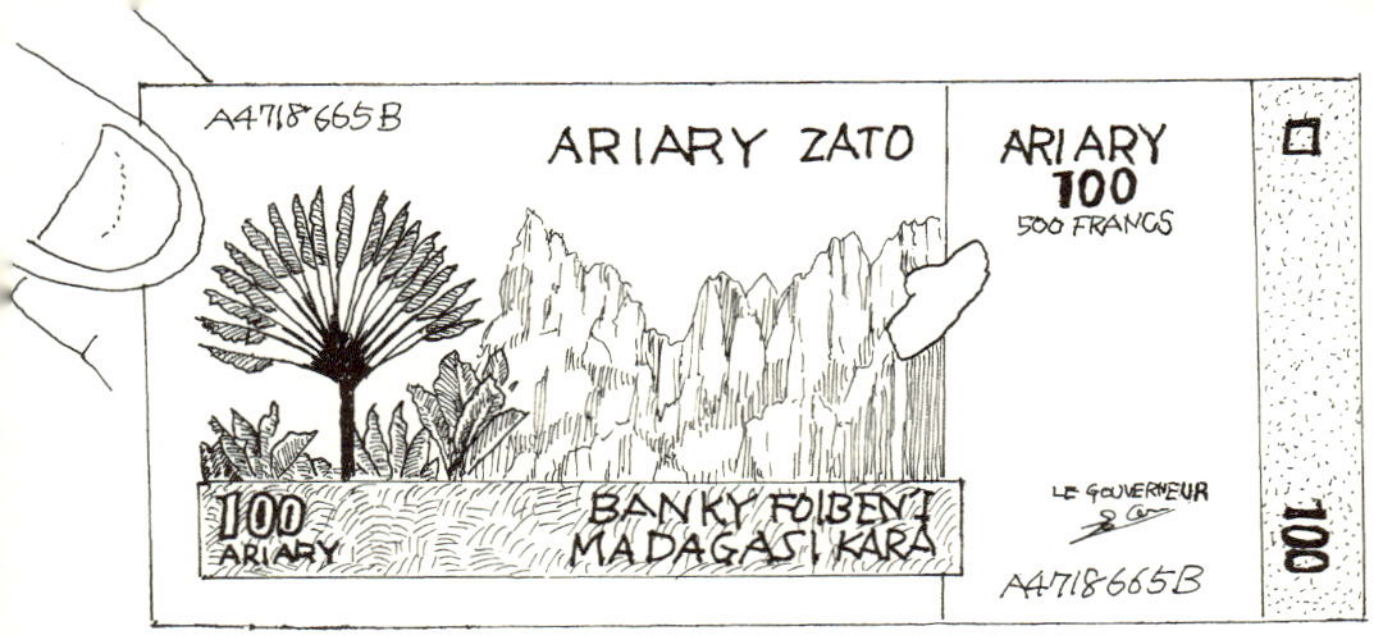

図1-2　マダガスカルのお金

続いて台湾の紙幣《しへい》も見せる。紙幣には中華民國《ちゅうかみんこく》と漢字で書かれ、その左側には口ひげをはやした人物の肖像画が描かれている。そして紙幣の中央には壹佰《いちひゃく》（一百）という数字に続いて「圓《えん》」という単位が書かれている。国がちがうとお金の単位はちがってくる。アフリカのマダガスカルの紙幣も見せた（図1－2）。

「マダガスカルのお金はどんなよび名なんですか？」

「マダガスカルのお金の単位はマダガスカル・フランです。昔、フランスの植民地だったからですよ」

「それ、お札《さつ》？」

「お札には見えないねえ」

マダガスカルの紙幣には、人物の代わりにタビビトノキがデザインされている。ふだん見なれている日本の紙幣とずいぶんちがった絵柄だ。

「落ちていても拾わんよ」

そんなふうにいう生徒もいるので、笑ってしまう。

紙幣がどんな見かけをしているにせよ、お金の単位がどんな単位にせよ、どこの国のお金にも「これが最小の金額」というものがある。じつはロウを細かくしていくと、これがロウの性質を現わす最小の粒という状態がやはりある。これを「分子」という。

「じゃあ、それをくだいたらどうなるんですか？」

ちょっと、答えにつまってしまった。授業の流れをきちんと予測できていなかった証《あかし》だ。ここで「分子をくだくと、物質を構成する究極の粒の原子になります」と答えてもよかったのだけれど、そうはしなかった。

そもそも、初めて化学を学ぶ人に、原子や分子といった言葉を教える必要があるのだろうかと、考えてしまったからだ（原子については、「6時間目」コラム参照）。

僕らは、中学校の理科で、物質は原子という粒からできていると学んできた。原子には100種ほどの種類（これを元素《げんそ》という。本章末コラム参照）があり、その元素がくみあわさって、二《に》酸化《さんか》炭素《たんそ》（CO_2）だの、水（H_2O）だのといった物質の基本的な性質をもった最小の粒である分子をつくるというふうにも教わった。

でも、考えてみると、僕自身、自分の目で原子や分子なんて見たことがない。それまでの学校教育で、原子や分子で考える……ということを教わってきて、それが習《なら》い性《しょう》になっているだけだ。つまり、原子や分子は、「それをあるものとして考える」と、うまく説明がつくことが多いという、考え方の手段ともいえる。

夜間中学生とのやりとりは、僕にそんなことも気づかせた。

ともあれ、ここではこの質問を深くとりあげず、今後の授業で、この質問をいかしていくことにする。

もどる変化ともどらない変化

授業の冒頭で火にかけていた肉じゃがが、ほどよく煮《に》えてきた。加熱をすることで、ジャガイモはやわらかくなり、肉は色も味も変化する。このように料理には火を使うことが多いけれど、理科の実験でも火をよく使いますといって、くだいたロウを試験管に入れ、火であぶってみた。

「どうなりますか?」

「とけます」

「さらに熱していったら?」

「沸騰《ふっとう》するんですかねえ?」

ここで、確認のために、水を試験管に入れて火であぶって変化をたしかめた。やがて水は沸騰して、試験管の口からは湯気が立ち上る。

もう一度、ロウを加熱する。ロウは生徒たちの言うように、とけて液体へと変化する。

「ロウソクは石油からつくるって言ってたけど、石油にもどったんですか?」

するどい質問だ。ロウは加熱をすると、石油の仲間であることがはっきりする。

やがて、細かな泡が出始め、ロウも沸騰することがわかる。

「試験管のなかの色が変わってきましたよ」

よく観察をしている。加熱を続けると、試験管のなかのロウの液体が、やや茶色味がかりはじめる。ロウの一部が分解して、こげ始めたのだ。

さて、では、今見た水やロウを加熱したときの変化と、鍋で煮こんでいる肉じゃがで見られる変化とは、どこかちがいはないでしょうか?と聞いてみた。

「肉じゃがは食べられます」

そのとおりだ。これはどうも、僕の聞き方が悪かった。

僕は、肉じゃがなど、料理でおこる変化は、一度おこると元にもどらない変化(化学変化)

であり、水やロウを加熱したときの変化は冷やすと元にもどる変化(物理変化)だということを説明したかったのだ(より正確にいえば、加熱によるロウの変色がおこっているから、一部、化学変化もおきていたわけだけど)。

「氷はとけると水になります。その水を加熱すると、やがて沸騰して水蒸気となります。水蒸気は目には見えないんですが、しばらくすると冷やされて細かな水滴にもどります。これがやかんの口から白いけむり状になって見える湯気です。ロウはかたまりですが、加熱するとロウの液体になります。さらに加熱すると水と同じく沸騰します。つまり、ロウも水蒸気のような見えないものに変化します」

そして、今度はワインのびんを取りだして見せた。

「これはワインです。お酒の仲間ですね。お酒にはアルコールが入っていますが、お酒によってアルコールがどのくらい入っているかは、ちがいますね」

授業でお酒の話がどうどうとできるのは、相手がとうの昔に成人している夜間中学の生徒だから。

「与那国《よなぐに》の花酒《はなざけ》は60度といいますよ」

「そうですね。花酒の場合、全体の60%がアルコールで、残りが水ですね。ふつうの泡盛《あわもり》

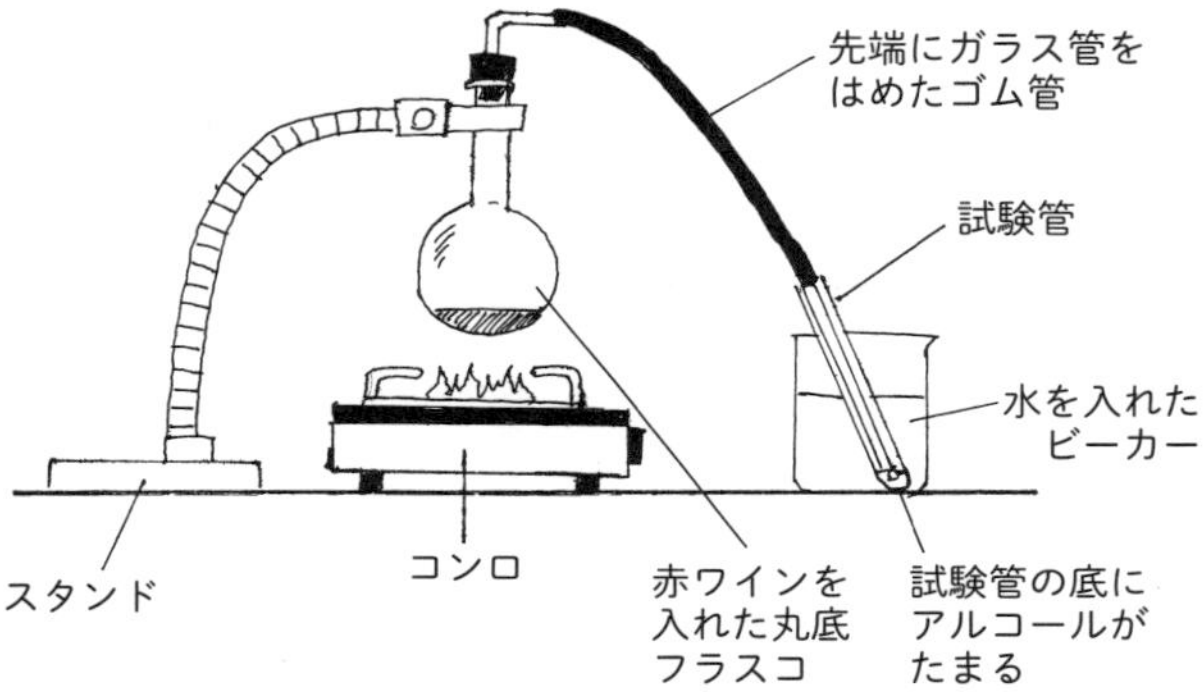

図 1-3　ワインを蒸留する

（米を原料にした、沖縄特産の蒸留酒《じょうりゅうしゅ》）だと、アルコール度数は30％ぐらいです。ワインはもっとアルコールの度数が低いお酒です」

お酒にあまりなじみのない年代の読者もいるだろう。お酒は種類によって、どのくらいアルコールが含まれているか（アルコール度数）にちがいがある。たとえばビールなら4～5％（4～5度ともいう）、ワインなら12％ぐらい、沖縄の泡盛なら30％や45％、ウイスキーなら43％、といったぐあいだ。

ブドウ果汁を発酵《はっこう》させたワインは、先に書いたようにアルコール度数は12％ぐらいで、泡盛やウイスキーに比べると、アルコールが含まれる割合が低い。たとえば火をつけたマッチをワインに近づけても、燃えることはない。そのワインを蒸留すると、アルコール度数が40％を超えるブランデーとなる。

ワインを大学の理科室から持ってきたフラスコに入れて、蒸留をしてみる。見ていると、フラスコの先からのばしたガラス管の先から、ぽたぽたと液体が落ちてくる(図1－3)。

「透明なんですね」

赤ワインを蒸留しても、透明な液体ができることに、オドロキの声があがっていた。それでも、ただ驚いていた生徒ばかりではない。お酒の蒸留といえば……と、自らの体験が語られ出したりする。

「戦後すぐはお酒がなかなか売っていなくて、メチルアルコールを混ぜたお酒が売られたりもしたんです。メチルは毒なので、飲んで死んでしまう人もでて。せっかく戦争から助かった命をメチルでなくすなんて、と。

それで、自分たちでつくろうという話になったんです。私の生まれた那覇《なは》の繁多川《はんたがわ》は酒屋が多かったから、つくり方を目で覚えている人が多かったんですね。農作業の合間に酒屋に手伝いに行っていた人もいましたから。

私たち子どもも、酒を冷やす水をくむポンプを足でふむ仕事を手伝ったりしました。今でいえばアルバイトです。酒屋の近くに川があって、池に水をためて、その水をカッタン、カッタンと足でふんでくみ上げるポンプがありました。その水で、蒸留したお酒を冷やしていました。

戦後はお米がないから、本当の泡盛はつくれません。どうやって材料を集めたかはわかりませんが、イモを集めて、イモ焼酎《じょうちゅう》をつくりました。鍋を重ねて、ブリキでふたをつくって、そこから蒸気を集める管をのばして、その管は2回か3回まわった螺旋《らせん》になっていました。これで、イモを発酵させてつくったもろみを炊《た》いて、蒸留するんです。

これは、こっそりつくっていた密造酒です。私はまだ子どもだったので、もろみを炊くとき、火をくべるのを手伝いました」

こういう体験談が登場するのが、夜間中学の授業ならではだ。

泡盛は米を発酵させてアルコールをつくり、蒸留によって、アルコール度数を上げた蒸留酒だ。この泡盛のような度数の高い酒はみな蒸留酒であることや、沖縄のように気温の高い地域では、蒸留酒でなければ保存が難しいという話もした。

フラスコのワインから蒸留された液がある程度たまったところで、その液をシャーレのな

かに入れて、火をつけてみた。ちゃんと火がつく。

「アルコール度数が高いんですね。50％とかないと、火はつかないんじゃないですか？」

「密造酒のときも、最初にでてくるのが濃いんですよ」

水は0度で凍り、100度で沸騰する。アルコールはマイナス114・5度で凍り、78・4度で沸騰する。だからワインを加熱すると、水よりも先にアルコールが出てくる。そのため、醸造酒《じょうぞうしゅ》を蒸留して蒸留酒をつくる場合、「最初にでてくるのが濃い」ということになる。

「カナダとかだと、何度くらいまで気温が下がるんですか？」

「マイナス50度ぐらいですよ。アルコールが凍るのは、もっとずっと低い温度です。でもアルコールの度数の低いお酒はそのぶん、水が入っているので、マイナス114度にならなくても凍りますよ」

「そうですよね。ビールを冷凍庫に入れて忘れると大変ですよ」

この日はここで、授業時間いっぱいになった。

コラム 元素

世界のすべてのものは、原子という小さな粒でできている。その原子には、種類があって、これを元素という。

原子の構造については6時間目のコラムで紹介するが、元素はその構造にしたがって、1から順に番号がつけられている。原子番号1が水素《すいそ》で、天然に比較的豊富に存在する元素でもっとも原子番号が大きいものは原子番号92のウランだ。それ以降の番号の元素は不安定で、天然にはごくわずかしか存在しない。

また人工的・実験的に原子番号の大きな元素をつくりだすこともある。原子番号99のアインスタイニウムは物理学者のアインシュタインにちなんで名づけられているが、この元素は1953~4年に、アメリカの研究グループによって、水爆実験の死の灰《はい》のなかから発見されている。

2016年に正式に認められた原子番号113の原子が「ニホニウム」と名づけられたのは、記憶に新しい。

メモ

化学実験というと、白衣を着て、理科実験室の薬品戸棚から「何々カリウム」とか「硝酸《しょうさん》なんたら」とかのびんをとりだして……というイメージがある。また、教科書にのっている実験をそのとおりの手順でおこなって、書かれているとおりの結果を出す、というイメージもある。

でも、「もとのものとすっかり変わって、容易にもとにもどらない変化」が化学変化なわけだから、日常、台所でおこなわれている料理だって、化学変化なのだ。

読者のみなさんも、そんなまなざしを持って、日常から化学を見つけてみてはどうだろう。

2時間目

身近な実験
——ロウソクの化学

灯《あか》りの思い出

「今日はどんなごちそうですか?」

教室に入ったとたんに、そう声をかけられた。

「今日は残念ながら、ごちそうはありません」

笑って返す。

前回、ロウをとかす実験をしたことを復習した。

「ロウは何からつくられていましたっけ?」

「石油です」

現在のロウソクは石油を原料としてつくられているけれど、石油以前は、動植物からロウソクをつくったという、前回の授業でのやりとりも、もう一度思い出してもらう。そしてハゼノキの実のロウでつくった和ロウソクを取りだして見せた

(図1―1参照)。

「色がちがいますね」

石油からつくられたロウソクはまっ白だが、ハゼノキの実からつくられたロウソクは黄色みをおびている。石油からつくられたロウソクの成分はパラフィンで、ハゼノキの実からつくられたロウソクの成分は脂肪《しぼう》だ。もともと、ハゼノキは、脂肪分のある実をつけることで、鳥をひきよせ、実を食べてもらうことで、フンとして種をばらまいてもらっているわけだ。

京都の伏見《ふしみ》稲荷《いなり》では和ロウソクをそなえると、カラスが食べるために持って行ってしまうという。時には火のついたままのロウソクをカラスが運ぶといったこともあるのだそう。これは危険だ。そのため、伏見稲荷に行ったときに、お参りがすんだら、ロウソクの火は消すようにという注意書きの看板が立てられているのを見た。

「ハゼノキというのは、沖縄にもありますか?」

「ハゼノキは沖縄ではハジとかハジギなんてよんでいますよ」

「あっ、わかります。あのかぶれる木ですね」

「昔、お父さんと木の下を通ったら、風のせいかねぇ。ある木の下を通ったときだけ、腕にブツブツが出たことがあって……」

ハジギと言いなおしてみると、夜間中学の生徒たちは「なるほど、あの木か」とうなずいている。

石垣島《いしがきじま》の知り合いのおじいから聞いた話も思い出す。おじいの少年時代、日常の煮炊《にた》きには、まきを使っていた。そのまきを集めるのは、子どもの役目だった。おじいも小学校に上がるとともに、山にまきをとりに行くようになったのだけれど、最初に山にまきをとりにいったときに、先輩たちから、ハゼノキを教わったのだという。その先輩たちの教え方が、スパルタ式。なにせ「この木に抱きついてかじってみろ」だったというのだから……。

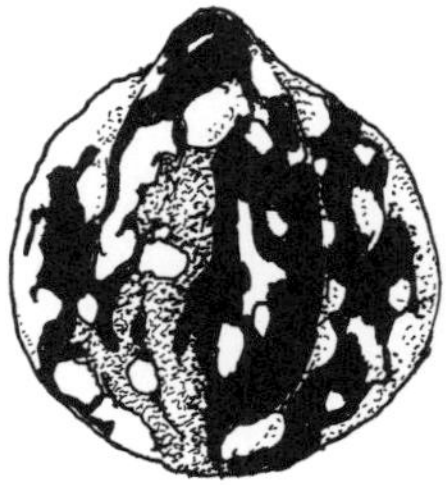
図2-1　ククイノキの実(原寸)

ハゼノキはウルシの仲間で、人にもよるけれど、樹液《じゅえき》にさわるとかぶれて皮膚《ひふ》にぶつぶつができてしまう。当然、少年だったおじいも手ひどくかぶれたのだけれど、これで、以後、ハゼノキをまきとしてとることはなくなった……という話だ。

話のついでに、那覇《なは》市内の公園に植えられているククイノキの実も紹介した(**図2-1**)。この木は東南アジア原産だ。クルミのようにかたい殻《から》におおわれた実の中身は脂肪を多く含み、火をつけるとよく燃えることから、キャンドル・ナッツの別名がある。ハワイでもよく植栽されていて、かたい殻ごとレイなどにも加工され、親しまれている木だ(ククイというのも、ハワイでのよび名)。

ククイノキの実の殻を金づちで割って、中身をとりだし、串に刺してから火をつけてみると、すすを出してよく燃える。生徒たちも、その燃えっぷりに、オドロキの声をあげていた。

「こうした照明用には、植物の油を利用することが多かったのですが、動物の脂《あぶら》を照明用に使ったこともありました」

そんなことを言うと思いもかけず、かつての脂の利用の話を生徒から聞くことができた。ブタの脂を照明として使っていたという話だ。話をしてくれたのは、1934年に那覇で生まれたHさん。

夜間中学の生徒たちの生まれ年はさまざまだ。生まれたときから家に電灯のあった人もいれば、そうではない人もいる。これは生まれた年がいつかというだけでなく、地域や、家庭の状況によってもちがっている。

「急須《きゅうす》の口があるでしょう。そういうものがお皿についているものがありました。お皿のところに脂を入れて、急須の口のようなところに芯《しん》をいれて、その芯に火をつけて灯《あか》りにするんです。お皿の後ろの所にはつかむところがあって、それを耳といっていました。トゥールグヮーとよんでいました。

でも、これを使うのは上等で、台所なんかでは、割れたお皿だけども、底がしっかりしているようなものに脂と芯を入れて灯りにしました。これを使うときは、火箸《ひばし》で、ちょっとずつ芯をのばしながら使うんですよ。芯は木綿《もめん》の服をやぶって、よってつくりました」

このHさんの話には、ほかの夜間中学の生徒たちも「私も戦前生まれだけど、そんなことはしていなかったよ」と、ややびっくりして聞いていた。

「ブタの脂のうち、背中からとれるものは上等で、これは食用にしました。それに対して、内臓の脂はワタアンダーといいますが、値段が安かったんです。これを買ってきて、色がつくほど煎《い》って、その脂を灯り用にしました。その後、ランプを使うようになりました。

でも、貧乏な人はずっとあとまでワタアンダーの灯りを使っていましたよ。ランプを使うようになっても、ランプは一番座と(沖縄の昔ながらの住居で座敷にあたるところ)だけ使って、そのほかのところの灯りは、この脂の灯りを使うとか。

ワタアンダー以外の油も使いましたよ。ランプグヮーユーといって、ランプ用の油を買うこともできました。石油ではなくて、質の悪い食用油だったのかもしれません。

当時、油は大事なものでした。脂を買ってきて煎ると、脂がとけ出して、脂カスが残ります。これはおいしいのですけど、脂カスは現金収入になるブタのエサには入れるけど、自分たちはなかなか食べられませんでした。野菜のおつゆに、脂カスが1つ2つ、入っていたらラッキーというぐらいです」

夜間中学の理科の授業では、とあるきっかけから、生徒たちが自分たちの経験を語り出すことがしばしばある。こうした経験談は、僕も知らないことだらけだ。だから夜間中学の理科の授業は、僕にとっても学びの場だ。

だれかが自分の体験談を話すと、われもわれもと、自分たちの体験談を話しだすのも、夜間中学ならではの光景だ。Hさんの話をきっかけに、ほかの生徒も灯りにまつわる思い出を語り始めた。

「うちはランプを使っていたけれど、ランプを使って、ほやが黒くなったのをキレイにするのは、子どもの役目でしたね」

ランプというのは、使ったことがなくても、どこかで見たことぐらいはないだろうか。石油(灯油《とうゆ》)を入れる容器から芯がのびていて、この芯に火をともす。風が吹いても消えないように、火がつくところには、ほやとよばれるガラスのおおいがかぶさっている。

ランプを燃やしていると、すすが出てガラスにつくので、毎日、ほやを布でふいてキレイにする必要がある。ランプのほやは筒状《つつじょう》になっていて、手が小さくないと内側に手を差しこんで布でぬぐえないので、ほや掃除は子どもたちの役目とされることが多かった。

「でもほやはガラスだから、うっかり落として割ったら大変」

「だから、うちでは子どもにほや掃除はさせんかった」

「自分らはマツのトゥブシ（マツの木の材で、脂分の多いところ。よく燃えるので、小さく割って灯りにした）をとってきて、灯りとして、火をつけよった」

「あれはすすがたくさんでますね」

「そのころは茅《かや》ぶき屋根で、天井なんかないから、すすが出ても気にしませんでしたよ。茅ぶきは、すすがついたら、かえってくさりにくくなったはずよ」

生徒みんなが、わいわいと子ども時代の灯り体験を語りあうことになった。

夜間中学の生徒たちは、学校体験こそとぼしいけれど、こうした生活体験は豊富だ。だから理科の授業で、こうした生活体験につながる題材がとりあげられると話が盛りあがる。ただ、あんまり盛りあがりすぎると、話が終わらなくなってしまう。

ロウソクをとかす

話に一区切りをつけてもらい、動物性の脂でつくったロウソクについて紹介する。西洋で使われていた、蜜《みつ》ロウを使ったロウソクだ。以前、ミツバチの古巣を拾い集めておいたことがあったので、それを湯《ゆ》煎《せん》してとかしてロウソクをつくってみることにしたのだ。

「意外にかたいですね」

ミツバチの巣をさわった生徒たちからは、こんな感想がもれる。

「甘いんですか?」という声も多い。甘いのはハチミツの方で、巣のほうは、味がしない。

授業には、ボランティアの大学生が参加してくれている。字を書くことになれていない生徒もいるので、手助けをするためだ。そのボランティアの学生に、ためしにミツバチの巣をかじってもらい、巣自体は味がしないことをたしかめてもらう。

巣をくだいて、ステンレスの小皿に入れて加熱する。

「ああ、とけてきた」

生徒たちを教卓のまわりに集め、蜜ロウがとけていく様子を観察してもらう。とけた蜜ロ

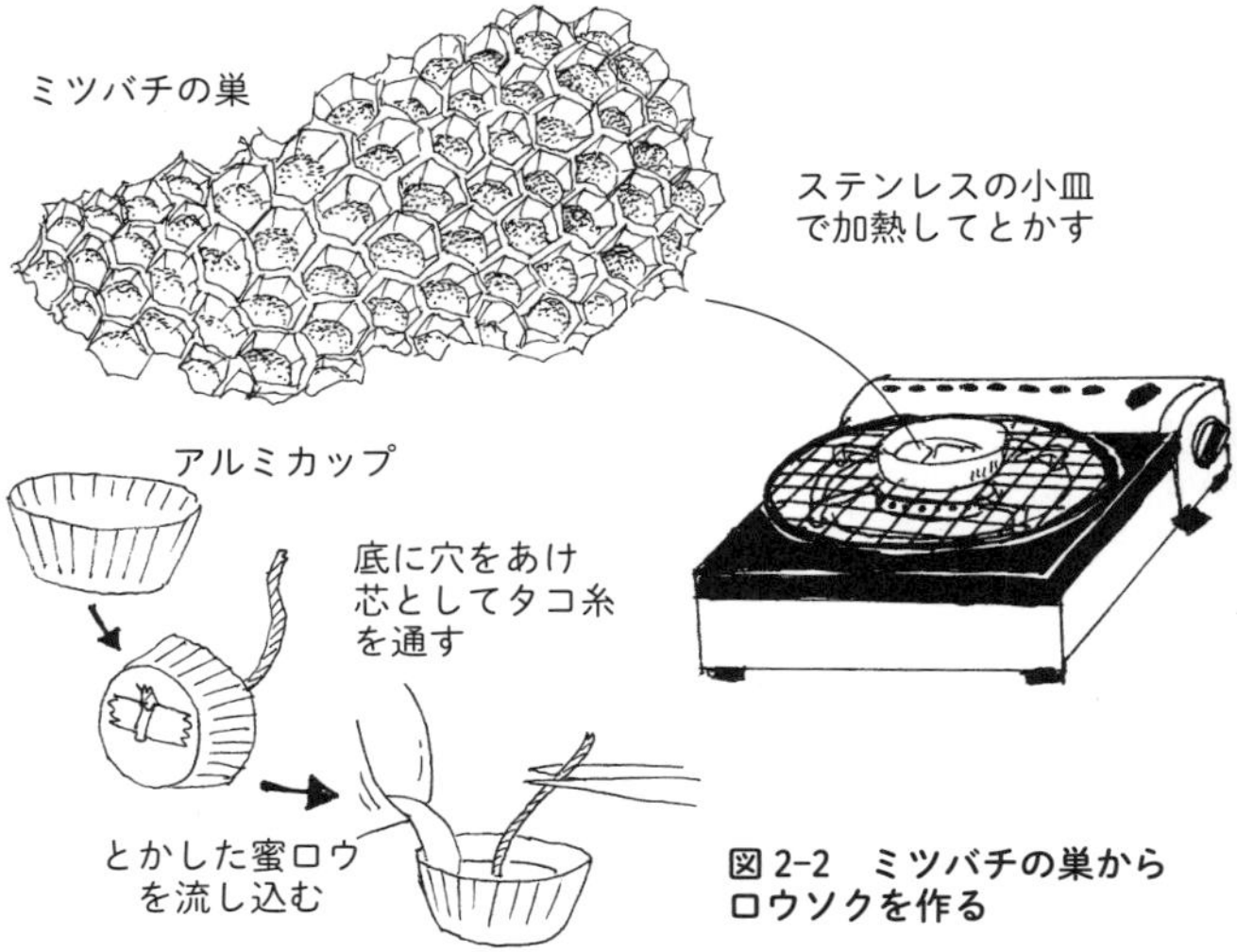
ミツバチの巣
ステンレスの小皿
で加熱してとかす
アルミカップ
底に穴をあけ
芯としてタコ糸
を通す
とかした蜜ロウ
を流し込む

図 2-2　ミツバチの巣からロウソクを作る

ウは、やや黒っぽい色合いをしている。

「チョコレートみたい」

「これなら、孫のバースデーケーキのロウソクにしても安心だね」

とけた蜜ロウは、一口チョコを固めたりするのに使う、小さなアルミカップに流しこんだ。蜜ロウを流しこむ前に、底にようじで穴を開け、芯としてタコ糸を通し、セロテープで糸をとめた（図2－2）。

同じ要領で、今度は、各自に色つきのミニロウソクをつくってもらうことにする。前回の授業で「色つきロウソクはどうやってつくるの？」という質問があったので、これを授業で扱ってみようと思ったのだ。

僕が実験をしてみせるだけでなく、生徒たちにも実験を体験してもらいたい。そんなふうにも思う。色つきロウソクづくりなら、夜間中学の生徒たちにも手軽にできる実験だろう。

まず、普通のロウソクをとりだし、くだいたものを用意。

「なにで色をつけたらいいと思いますか?」

「絵の具?」

「でも、絵の具は水でとかしますよね。ところがロウは脂の仲間です。脂と水は仲が悪いですよね……」

そう言って、脂と仲のいい絵の具がありますと、クレヨンを見せた。そして好きな色のクレヨンを選んでもらい、そのクレヨンを少しけずって、それをくだいたロウとあわせて、一緒にとかした。これを各自のつくったカップに流しこんでできあがり。実験とよべないような簡単な作業かもしれないが、生徒たちには好評だった。

「初めてロウソクをつくりました」

「一生の思い出」

「これなら、家で使い残したロウソクも、もう一度使えるようになりますね」

こんなふうに。

ロウソク実験

各自のロウソクが固まるまでの5分間の休憩を取ってから、後半の授業を続けた。

机の上に、火をつけたロウソクを1本立てる。その様子をしばらく観察してもらう。続いて、試験管にくだいたロウを入れ、加熱し、とけた後も加熱を続けると、やがて沸騰《ふっとう》することも再確認する。

「ランプやトゥールグヮーには火をつける芯がありましたね。油が芯にしみこんで、それに火がつきます。ロウソクにも芯があります。くだいたロウに火をつけても燃えません。でもロウソクの芯に火をつけると、芯の周りのロウがとけて芯にしみこんで、ランプと同じように、火がつくようになります」

ロウソクが燃えるしくみを、そんなふうに説明をした。

今度は、火をつけたロウソクの上からガラスびんをかぶせ、火が消えていく様子も観察する。そして、ロウソクが燃えるためには、何が必要となっているかと聞いた。

「空気?」

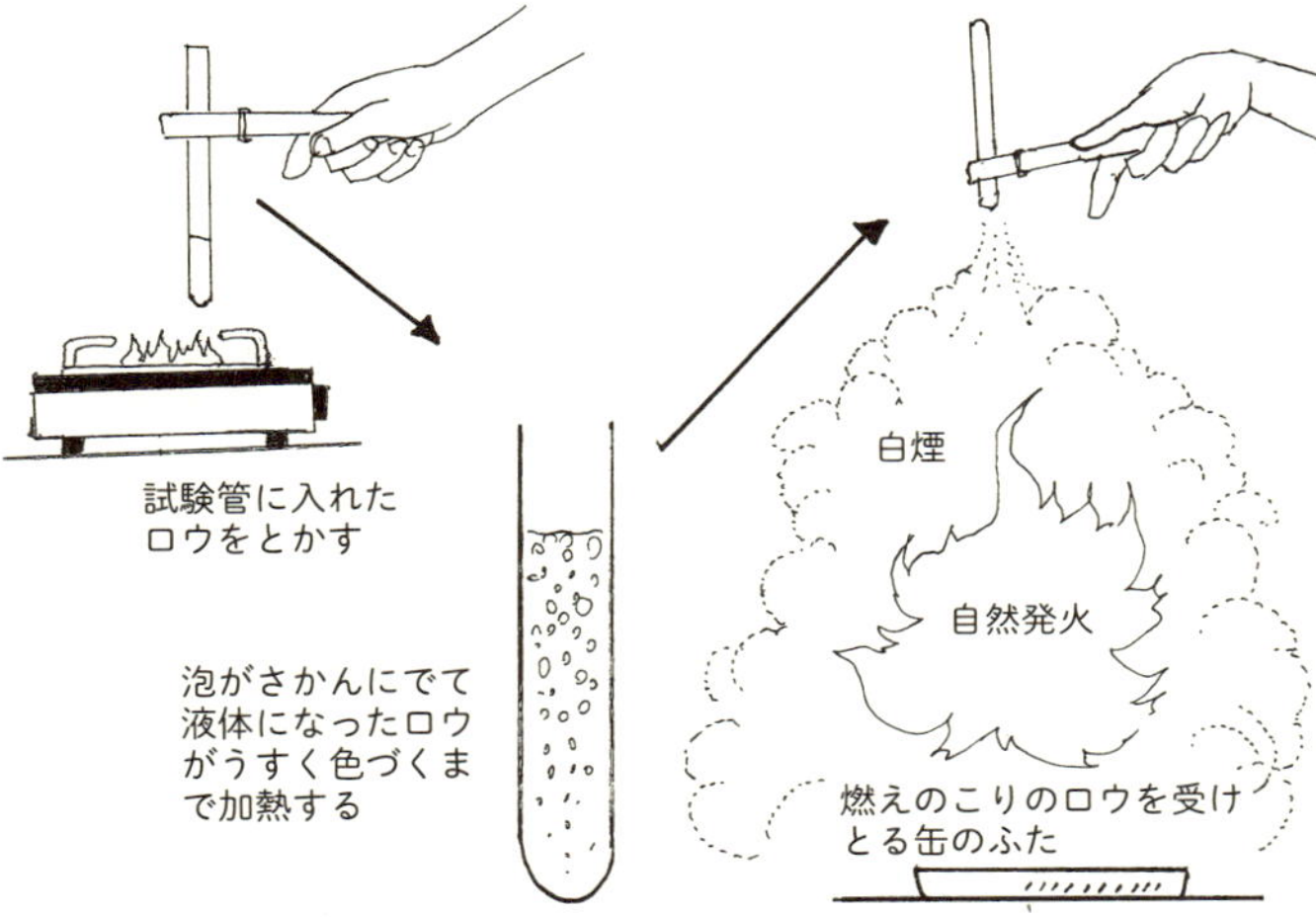
試験管に入れた
ロウをとかす
泡がさかんにでて
液体になったロウ
がうすく色づくま
で加熱する
白煙
自然発火
燃えのこりのロウを受け
とる缶のふた

図 2-3　ロウの自然発火

「酸素《さんそ》?」

ものが燃えるときには、空気、または酸素が必要だということは、夜間中学の生徒たちもなんとなく知っている。では、もう少しそのことを、確認してみよう。そこで、ロウソクを「派《は》手《で》」に燃やしてみることにする。

簡単だけれど、ちょっとアブナイ実験だ(図2-3)。

用意するものは、カセットコンロと試験管と試験管ばさみ。それとクッキーのあき缶のふた。

試験管に、くだいたロウを入れて火であたためてとかす。とけたときの量が、試験管の底から5センチ以内ぐらいの分量にする(試験管いっぱいにはしないということ)。

やがてとけたロウが沸騰しはじめるが、さらにとけたロウがやや茶色っぽくなるまで加熱を続ける。十分に加熱されたなと思ったところで、コンロの火を消し、試験管を空中に持ち上げ、クッキーのあき缶のふたをめがけて中身をひっくり返す。

ひっくり返された中身は、白いけむり状となって広がったかと思うと同時に、ぼわんと自然に火がつく。爆発的な発火で(音はしないけれど)、火は一瞬で消える。

「うわっ」

「火がつくとは思いませんでした」

生徒たちはみんな、びっくり。

この実験は、ここまで書いたように簡単な実験だけれど、十分な注意が必要だ。

安全性から、周りに燃えるものがない場所でおこなったほうがいい。においも出るから、屋外で実験したほうがいい。僕は、屋外で、さらに風のない場所をえらんで、卓上コンロなど移動可能なコンロを使って実験している。試験管をひっくり返すのは、必ずコンロの火を消してからにする。また、とけたロウが自分の体にかからないように注意する。

では、なぜ、火もつけていないのに、ひっくり返したロウに火がつくのだろう?

試験管を十分に熱すると、試験管のなかでロウは沸騰し、気体になり始める。こうしておいて試験管をひっくり返すと、高温になったロウの液体や、気体になったロウが一気に空気中に放り出され、空気中の十分な酸素と混じることで、次々に酸素とロウが反応する。

この反応で生じた熱で、火をつけなくても、勝手に火がついて燃えるんです……と説明をした。「これと似た現象に、天ぷら油の加熱による自然発火がありますよ」ともつけ加えた。天ぷら油をステンレスの小皿に入れて、網をしいたコンロの上で加熱すると、やがて白煙《はくえん》をあげて、自然に発火する。コンロの火を消し、この発火した小皿にぬらしたぞうきんをかぶせると鎮火《ちんか》するけれど、ぞうきんをよけると、また自然に、ぽっと火がつく。

油の温度が高く、さかんに油が気化している状態だと、十分な酸素と混じり合うだけで自然に発火することがよくわかる実験だ(この実験も強いにおいが出るので、換気のよい場所でおこなったほうがいい)。

鉄を燃やす

続いて、今度は針金を見せた。針金の素材が鉄であることをたしかめたうえで、針金が燃えるかを聞いてみた。

「燃えません。針金は曲がりますけど」

こんな声が返ってくる。実際に、コンロの火に針金を差しこんでも燃えないことも、やってみる。

次に、台所用品として販売されているスチールウールをとりだした。

「これも鉄でできています。鉄を針金よりもずっと細くしたものです」

「そういえば、水っぽい所においておくと、さびますね」

このスチールウールに火をつける。今度は燃えるのがわかる。

「花火みたいです」

燃え残りにも、生徒たちの目が注がれた。

「燃えても、なくなるわけじゃないんですね」

「元のスチールウールと、色も変わりましたね」

このスチールウールをもっと激しく燃やすにはどうしたらよいだろうか。

「鉄をもっと細かくするとか」

いい方法だ。まだ他にも方法はあるだろうか。

鉄を細かくすると燃えやすくなるのは、そのぶん、酸素と鉄がふれあいやすくなるためだ。

だから鉄の細さはそのままでも、より酸素を補給してやれば激しく燃えることが予想できる。薬局で買い入れた携帯用の酸素ボンベを使い、ガラスのびんに酸素を捕集する。このなかでスチールウールを燃やすと、強い光を出して激しく燃える。

「カイロも、これと関係がありますか？　冬になると、よくカイロを使うんですけど」

思わぬ発言が飛び出したので、ちょっとびっくり（僕は沖縄に移住してからカイロを使うことなんてなかったし）。

使い捨てカイロは、鉄粉の酸化による発熱を利用したものだ。先の「鉄をもっと細かくしたら、燃えやすくなる」という考えの例にあたるものだ。また、「燃える」と「さびる」は基本的に同じことだということも説明する。

「使い終わったカイロは、そのまま捨てても大丈夫なんですか？」

そんな質問もだされた。

「一度燃えつきたものは、もう燃えないんです。だから使い終わって冷えたカイロから火がつくようなことはありませんよ」

「お弁当でも、弁当箱についているひもを引っ張ったりすると、自動であたためられるものがありますね」

なるほど。これも生徒からこうした発言があると予想していなかった。あたためられる弁当のしくみも、発熱反応の応用だ。

最後に、燃焼にともなう重さの変化にも目を向けてもらう。

電子天秤《てんびん》にのせたシャーレのなかでスチールウールを燃やし、重さがどう変化するか考えてもらったのだ。予想をたててもらうと「重くなる」と考えた生徒が多かった。実験してみると、1・5グラムだったスチールウールが、燃焼後は1・65グラムに変化した。

次に、紙で同じことをやってみる。今度は「軽くなる」という予想が多い。実験の結果は、2・19グラムが0・25グラムになった。

「今日はロウソクが燃えるときに、酸素とふれあい、反応がおこるということを実験しながら見てきました。最後に鉄と紙を燃やしたときの重さの変化も調べてみましたね。鉄は燃やした後になにかが残っているから燃やす前より重さが重くなるけれど、紙の場合は、燃えたらなくなってしまうので軽くなる……こんな予想をたててもらいました」

……この考察でよいかを、次回考えてみることにする。

メモ

ものを燃やすということも、日常から遠い存在になりつつある。ガスコンロはIH《アイエッチ》の調理器具になり、石油ストーブも姿を消した。仏壇《ぶつだん》にロウソクをともすというのも、多くの家ではやっていないのかもしれない。

そんなふうに、気がつかないうちに、日常生活のなかでさまざまな現象を体験する機会が減ってしまっている。みなさんは、どれだけ火とふれあう機会があるだろうか。

でも、たとえばロウソクなら、まだ簡単に手に入れることができる。そして、紹介したように、ロウソクを使っても、ちょっとびっくりするような実験をすることもできる。

簡単に手に入れることのできる「もの」から、「もの」のふるまいかたになれ親しむ。そんな意味でいうと、ロウソクは扱いやすい素材だ。

3時間目　化学反応
——ホットケーキはなぜふくらむの？

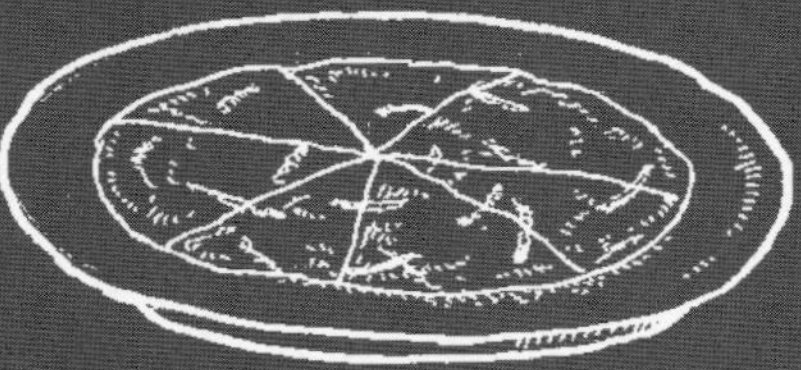

ヒラヤーチー　沖縄風お好み焼き

酸化《さんか》って悪いもの？

「この前は、鉄と紙を燃やしたときの、重さの変化のちがいを最後に実験しましたね」

そう言ってもう一度、スチールウールを燃やしてみる。燃やした後、スチールウールの色が変化したことに着目してもらう。続いて、金属のマグネシウムを細いリボン状に加工したものをとりだす。このマグネシウム・リボンに火をつけると強烈な白色光を放って燃える。

「花火みたいですね」

「マグネシウムは牛乳や薬にも入っていますか？」

「人間の体にも入っていますか？」

人体には、およそ20グラム程度のマグネシウムが含まれていて、その大部分は骨や歯に存在している。

「じゃあ、マグネシウムが少なくなると、骨が弱くなったりしますか？」

マグネシウムが欠乏《けつぼう》するとどうなるかまでは、事前に調べていなかった。夜間中学の生徒たちにとって、人体との関わりや、健康との関連は興味があるところなのだ（後で調べると、マグネシウム欠乏症という症状があることがわかった。マグネシウムの欠乏は、片頭痛《へんずつう》、筋肉痛、疲労感、集中力の低下などさまざまな症状を引きおこすという）。

マグネシウムは燃えると白い灰《はい》になる。燃えるということは「物質がすっかり変わり元にもどらない」こと、すなわち、化学変化だということを、ここで確認をした。ものが燃えるためには酸素《さんそ》が必要であることも学習している。そこでこのものの燃える変化を、化学ではどう表わすかについて説明することにした。

数学では1＋1＝2といった式を使う。化学では、鉄が燃える変化は、次のように書く。

鉄＋酸素→酸化鉄《さんかてつ》

同じようにマグネシウムが燃えるという反応は、次のように書ける。

マグネシウム＋酸素→酸化マグネシウム

ここまで説明をしたところで、酸化という言葉にうなずいている生徒がいることに気がついた。聞くと「油が酸化する」という言葉を聞いたことがあるという。

「油が酸化すると体によくないっていいますよね。酸化した油をもどす方法があるって聞いたことがあるんですが、どうしたらいいんですか？」

この発言で、ほかの生徒たちの発言スイッチが入る。

「天ぷらも何回かあげていると、油に泡がたちますね」

「オリーブオイルは明るいところにおいておくだけで、酸化しやすいっていいますよ」

「ほかの油も、太陽に当たっているところに置いてあるものは買うなっていいますよ」

「うちは酸化した油は植木にあげます。虫がつかないっていいますよ」

みんな台所経験が長い（生徒によっては、飲食店での勤務体験もある）ので、油の酸化にはあれこれ言いたいことがあるらしい。

このときは、油の酸化についてまで調べていなかった。だから、ポテトチップスの袋のなかには、酸化が進まないように、酸素を含む空気のかわりに、酸素を含まない別の気体が入れられている(窒素《ちっそ》が入っている)という例を紹介するのにとどまった。

「あぶら」には、油と脂の2種類の漢字があてられる。油は常温で液体の場合のあぶらを指し、脂は常温で固体の場合のあぶらを指す(両方をあわせて、油脂《ゆし》とよぶ)。

常温で液体の油を思いうかべてみると、サラダ油やオリーブオイルなど、植物性の油脂が多いことに気づく(ただし、植物性の油脂のなかにも常温で固体の脂はある。たとえばチョコレートの原料となるカカオの脂などもそのひとつ)。

一方、日常目にする常温で固体の脂はバターやラードなど動物質のものが多い(これまた、動物性の油脂にも常温で液体の油もある。たとえば魚油《ぎょゆ》)。

油脂の分類には、もうひとつ分け方があって、それは飽和脂肪酸《ほうわしぼうさん》と不飽和脂肪酸《ふほうわしぼうさん》といううちがいだ。これは構造上のちがいで(ここでは、そのちがいの説明はさておく)、大まかにいえば脂は飽和脂肪酸で、油は不飽和脂肪酸といえる。そして、加熱をすると、不飽和脂肪酸のほうがより酸化による影響を受けやすい。

調べてみると油脂は酸化によって、さまざまな化合物をつくり出し、これがいやなニオイを生んだり、栄養分をそこねたり、体に悪影響を与えたりするという。また、光によっても、油脂は酸化するというから、これは、夜間中学の生徒たちが口にした通りだ。

この油の酸化についてのやりとりでおもしろかったのは、油以外にも酸化するものがあるということを、生徒たちが授業の場で初めて知ったということだ。だから、なかには「酸化っていうのは、悪い意味じゃないんですね」なんていう生徒もいた。

つまり、授業を受けるまでの生徒たちにとっては「酸化＝悪いもの」というものであったわけ。もちろん、酸化自体には、いいも悪いも、ないわけだけど。

炭素《たんそ》の酸化

では、と言って、ロウソクに火をつけた。

鉄＋酸素→酸化鉄

黒板にはこんなふうに書いてあるけれど、ロウソクの場合は、どう書けるだろうか。

「?・?」

「そうですよね。ロウソクの場合は、どう書いていいか、ちょっと考えてしまいますよね」

ここで、前回、ランプのほやみがきの話がでたことをふり返りつつ、ロウソクの炎にガラスコップの底をかざしてみた。すると、コップの底に黒いすすがつくのがわかる(図3−1)。

「すすというのは、何でしょうか?」

「炭《すみ》です」

ロウソクの炎にガラスコップの底を押し当てる……つまり、ロウソクの燃えるのを少しじゃましてやる(不完全燃焼させる)とすすがでる。つまり、白いロウのなかに、まっ黒な炭が入っているということになる。

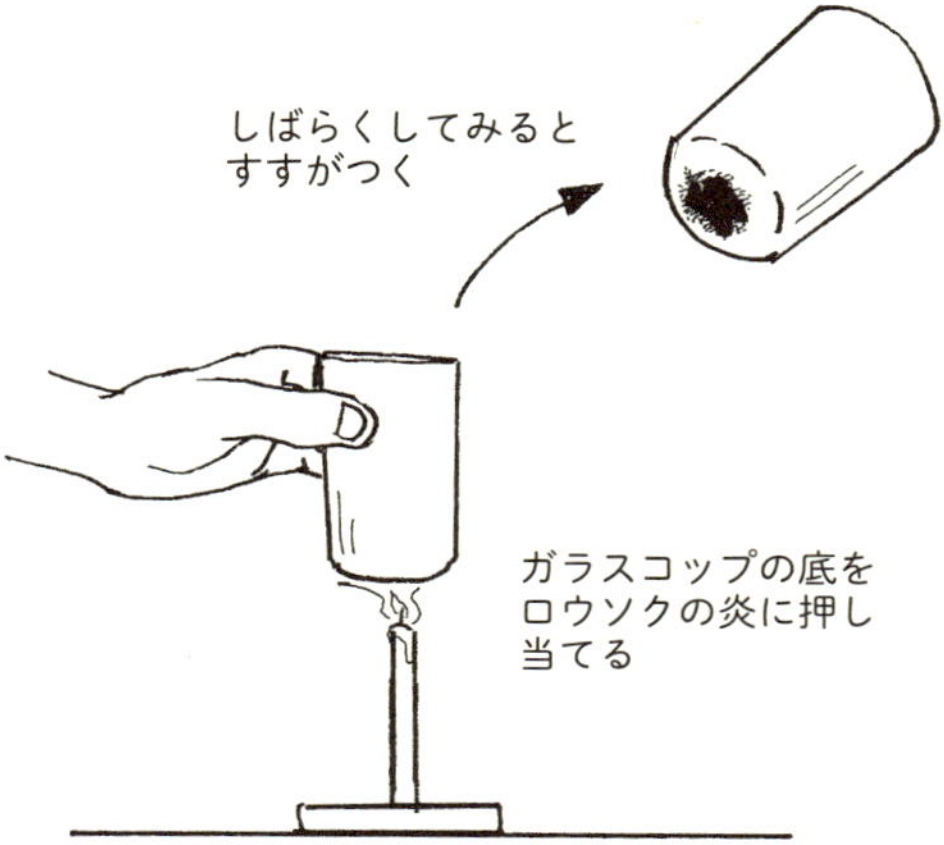
しばらくしてみるとすすがつく
ガラスコップの底をロウソクの炎に押し当てる
図 3-1　ロウソクは何からできているか?

「どんなして白くしたのかね。漂白剤？」

「いえいえ、炭がほかの物質とくみあわさることで、白くなっているんですよ」

「どんなものと一緒なんですか？」

そこで今度は、火をつけたロウソクに、すっぽりとガラスコップをかぶせてみることにする。やがて火が消えるが、それと同時に、コップの内側がうっすらとくもるのがわかる。細かな水滴でくもったのだ。

ロウのなかには燃えると水になるもの（燃えると水になるものは、水素という。水素が燃えて、酸素とくっついたものが水。つまり、水は水素と酸素という2種類の元素からなっている）が入っていることがわかる。

では炭についても、もう少し見てみよう。

市販の木炭にくわえ、竹炭《ちくたん》や、脱臭剤に使われる多孔質《たこうしつ》に加工された活性炭の粉を見てもらった。さらに、外来魚のブラックバスでつくった炭（琵琶湖《びわこ》で駆除《くじょ》した外来魚の有効利用として考え出されたものらしい）なんていうものも見てもらった。

「果物でつくった炭というのを、聞いたことがあります」という声もあがる。

材木だけでなく、果物や魚（動物）にも炭になる元《もと》（元素《げんそ》）が入っている。それを「炭素《たんそ》とよびます」と言って、板書した。

するとき、ロウソクが燃えるときには、炭素＋酸素という反応がおこっていそうだ。

「酸化炭素？」

そのとおり。ただし、酸化炭素には、種類がある。そのひとつが一酸化炭素。名のとおり1個の酸素原子(O)と1個の炭素原子(C)が結びついて1個の一酸化炭素分子(CO)ができている。

「聞いたことがあります。吸って、中毒で死んでしまったというニュースで見ました」

「吸うとどんなふうになるんですか？」

人間の血液中には酸素を運ぶヘモグロビンというものがあるのだけれど、一酸化炭素は酸素よりもずっとヘモグロビンとくっつきやすい。そのため一酸化炭素を吸いすぎると、酸素をうまく運べず、徐々に体の自由がきかなくなり、昏睡《こんすい》、死にいたることもある。

酸化炭素のもう1種類が二酸化炭素だ。こちらは2個の酸素原子と1個の炭素原子がくっついてできている(CO_2)。これも、その名を出すと「聞いたことがあります」という表情があちこちで見られる。

「二酸化炭素は一酸化炭素みたいに中毒はしないんですか？　じゃあ、いいものですね」

うーん、これまた、二酸化炭素に、いいも悪いもないのだけれど。

前回の授業で、紙を燃やしたとき、燃やす前よりも軽くなったのは、紙のなかの炭素が燃えることによって二酸化炭素に変化して、空気中に逃げてしまったからだということも、ここで確認をした。

さて、英語にはアルファベットがあるということを、生徒たちは英語の授業で勉強している。このアルファベットをくみあわせると、いろいろな単語ができる。

「自然界にも、そんなアルファベットのようなものがあって、それを元素といいます」という言い方をここでしてみた。そして、炭素、鉄、マグネシウム、酸素……いままでの授業の中にでてきた元素を、あらためて確認してみる。酸化鉄や二酸化炭素は、そうした元素がくみあわさった、英語で言えば単語だ。

少し難しい話が続いてしまった。ここらでちょっと、実験をしてみよう。

ホットケーキを化学する

教卓の上に、カセットコンロを置く。コンロの火で、フライパンを使ってホットケーキを焼くという実験(そのまんま料理だけど)だ。

「ホットケーキの材料として、市販されているホットケーキ粉を使います。では、ホットケーキ粉のなかには、何が入っていますか?」

「小麦粉、ベーキングパウダー、砂糖、香料……」

これらの名がすぐに返される。

「じゃあ、そのベーキングパウダーってなんですか?」

「ふくらし粉ですよ」

「ふくらし粉ってなんですか?」

「重曹《じゅうそう》です」

「じゃあ、その重曹ってなんですか?」

「……」

なぜ、ホットケーキに重曹を入れると、ふくらむのだろう。

ここで、一度ホットケーキからはなれて、また別の簡単な実験をしてみる。プラスチックコップにレモン汁と砂糖を入れ、混ぜて水でうすめる。ここに重曹を入れるとたちまち泡立つ。

「ソーダ水ですね」

じつは、世界初の炭酸飲料はこうしてつくられた。ソーダ水とよぶのは、ソーダ(重曹)を使って炭酸ガスを発生させているからだ。

重曹のなかには「泡のモト」がかくれている。たとえば、レモン水のようなすっぱい液の中に重曹を入れると、重曹から泡が出てくる。ホットケーキの場合は、重曹を加熱することで泡を出させる。ホットケーキは、この泡のおかげでふくらむわけだ。

重曹の化学的な名は、炭酸水素ナトリウムという。「炭酸」と名前にあるように、重曹のなかにかくれている泡の正体は、二酸化炭素だ。

「重曹から泡がでてくることを、何かほかのことにも使えませんか?」

生徒から、そんな質問がでた。入浴剤にも、同じ原理が使われているものがある。風呂《ふろ》に入れるとシュワシュワと泡のでるあれだ。

「重曹とベーキングパウダーのちがいはなんですか?」

今度は別の生徒にこう聞かれて、うっとつまる。僕は料理をつくるのは好きだけど、お菓子づくりは守備範囲外。ベーキングパウダーを使ったことがない。重曹と同じようなものだというイメージしかなかった。

理科の教員をしていても、知っているつもりでスルーしていることというのはあれこれあるのだということを、生徒たちとやりとりしていて、はじめて気づかされる。

「アンダギーをつくるのには、ベーキングパウダーを使うよ。ヒラヤーチーは重曹」

ほかの生徒が助け船をだしてくれる。そうなんだ。アンダギーというのは、沖縄風のあげ菓子で、まん丸の穴がない、ドーナッツのようなお菓子のこと。ヒラヤーチーというのは、ニラの入った、お好み焼きをうすく焼いたようなおかずだ。

「重曹とベーキングパウダーを使い分けるのは、あげると焼くのちがいかね？」

「最近は、なんでもベーキングパウダーを使うさ」

「かたい肉を煮るのにも、重曹を使うよ」

生徒たちは僕をそっちのけで、重曹とベーキングパウダーのちがいについて、あれこれやりとりしだしている。

「かたい肉を煮るのに、サトウキビを一節《ひとふし》入れるとやわらかくなるって聞いたのですけど、本当ですか？」

こんな質問も出てくるけれど、これは、まったく知らない。

「今日はものが燃えるとき酸素と結びつくことを、酸化と言うことを学びました。こうした結びつく反応とは逆に、ホットケーキの場合は、重曹という物質は加熱すると分解するという反応を利用したものでした」

重曹とベーキングパウダーのちがいは僕の宿題にすることにして、授業の最後に、そう内容をまとめた。

さて、授業後に、重曹とベーキングパウダーのちがいについて調べてみた。ベーキングパウダーの成分にも重曹は含まれている。結局、ベーキングパウダーも、なにかをふくらませる主体は、含まれている重曹成分だ。

ただ、ベーキングパウダーには、重曹以外の成分も含まれている。その成分は、大まかにいうと助剤《じょざい》とよばれるものと、デンプンに二分される。デンプンは、重曹と助剤が料理に使われる前に勝手に反応しないようにするための混ぜものだと説明がされている。

助剤のほうのはたらきも2つある。ひとつは重曹が分解するのを手助けするはたらき。もうひとつは、重曹の化学的な名が炭酸水素ナトリウムであることに関連している。

炭酸水素ナトリウムは加熱されると、二酸化炭素と炭酸ナトリウムと水に分解する。このうち二酸化炭素がものをふくらませてくれるわけだけれど、分解物として出てくるもうひとつの物質の炭酸ナトリウムが問題となる。

炭酸ナトリウムはアルカリの一種だ。アルカリは酸と反応してたがいにその性質を打ち消す。また、アルカリはリトマス試験紙を青く変色させる。そうした性質については、すぐに頭にうかぶかもしれない。加えてアルカリの性質に、口にすると苦みを感じるというものがある。つまり重曹が分解すると苦い物質ができてしまうのだ。

助剤はアルカリと反対の酸性の物質で、あわさると中和《ちゅうわ》し、アルカリの苦みをとるようになっている(助剤には酒石酸《しゅせきさん》水素カリウムやリン酸二水素カルシウムなど、何種類かの物質が使われている)。

ベーキングパウダーには重曹が含まれているから、「どんな料理にもベーキングパウダー」を使ってもいいわけだ。ただし、生地にそもそも酸性のものが混じっている場合は、わざわざベーキングパウダーを使わなくていいし、焼く時間が短いものも、重曹でこと足りるのだそう。

メモ

夜間中学の生徒たちとのやりとりで、僕自身、「知っているつもりでじつはよく知らないでいること」に気づかされたことがしばしばある。この気づきこそ、理科を学ぶ意味じゃないかと思う。

今回の授業でも「重曹とベーキングパウダーのちがい」について、僕はずっとスルーしていたことに気づかされた。ベーキングパウダーには、重曹が分解するときにできるアルカリを中和する成分が含まれているというのは、なるほどと思う。

ホットケーキづくりは熱分解反応を考えてもらうためにとり入れた実験なのだけれど、その実験のなかに、中和反応も含まれていた……というように、生活のなかの現象は、さまざまな反応がくみあわさったものであるということも、あらためて気づかされた。

4時間目
たたくと延びる
——金属の3大性質

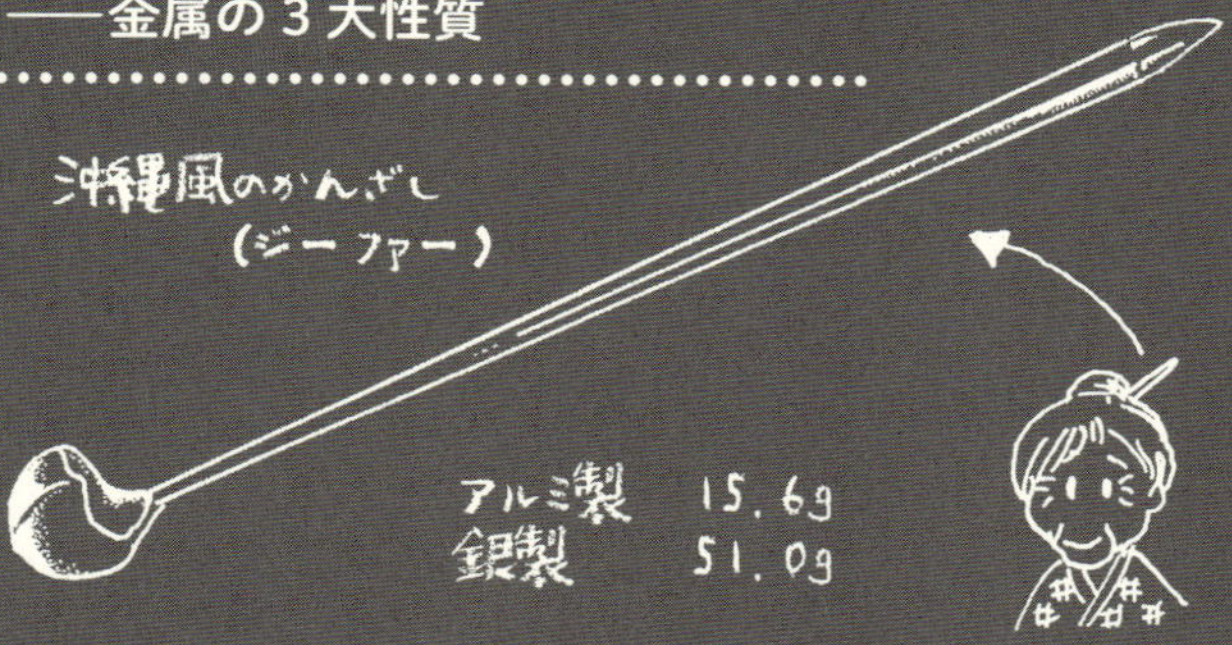

足元の土や砂から

「クチャ」と板書をした。市場で市販されていたクチャを、ガラスの小びんに入れたものも見せてみた。

クチャというのは、沖縄島《おきなわじま》南部に分布する泥岩《でいがん》のことで、ひいてはその泥岩が風化した泥《どろ》のことも、そうよぶ。そして、クチャを見せるとたちまち、クチャに関わる生活体験談が教室のなかを飛びかった。

クチャはきめの細かな泥であり、今のようにシャンプーが普及する以前、洗髪料として使用されていたからだ。髪の毛にぬらしたクチャをぬりつけることで、髪のよごれを泥に吸着させ、そのよごれごと、泥を洗い流すというわけである。

「クチャは戦後まで使っていましたよ」

「髪の長い人は必ず、クチャを使いました」

「クチャを使ったら、白髪《しらが》が出ないといっていましたよ」

「自分でとってきて、使いましたね」

「とってきたら、ほして粉にして使いました」

「どこどこのクチャは上等、といういい方もしていましたね」

「うちのあたりでは、一箇村《いっかそん》(本土でいうと、集落にあるような区域)にだけクチャがありました」

「私は那覇《なは》の識名《しきな》出身ですけど、クチャガーラという地名がありました」

「クチャの上だと、家を建てるときも、クチャがかたくて杭《くい》が入らないんです」

「戦時中は、よくクチャをほり出していましたね。クチャはねずみ色の土でした」

「防空壕《ぼうくうごう》をほるときも、クチャのところじゃないとダメだっていいました。あたしは壕のなかに避難しているときに爆弾が破裂して、それで気絶していたら、死んでしまったと勘違いしたお父さんにうめられそうになったんですよ。親戚の人が逆さにしてたたけ……っていってくれて、息を吹き返したんですけど」

「昔は細長い紙袋に入れられて、売ってもいました」

「ピンクと白の包装紙でしたね」

「値段は安かったですよ」

「今も市場に売っているんですか？　どういう人が使っているのかね？」

クチャに関しては、こんなにたくさんの話が語られだすので、ビックリした。

このやりとりを聞いていたボランティアの大学生は、どうしても泥を洗髪剤として使うということが理解できないと発言をした。

「まず髪の毛を水でぬらして、そこに洗面器のなかで水にとかしたクチャをつけるんですよ。そうしておいてから、水で洗い流すんだけど。でも、もう50歳以上の人でないと、どんなもんか、わからんかもね」

ある生徒が、クチャの使い方を説明しながら、そう言った。

クチャに続いて、今度はガラスの小びんに入った、赤い色の土を見せる。クチャは海底に堆積《たいせき》した泥が固まったものだけれど、このマージとよばれる赤い土は、陸上で堆積したものだと考えられている。

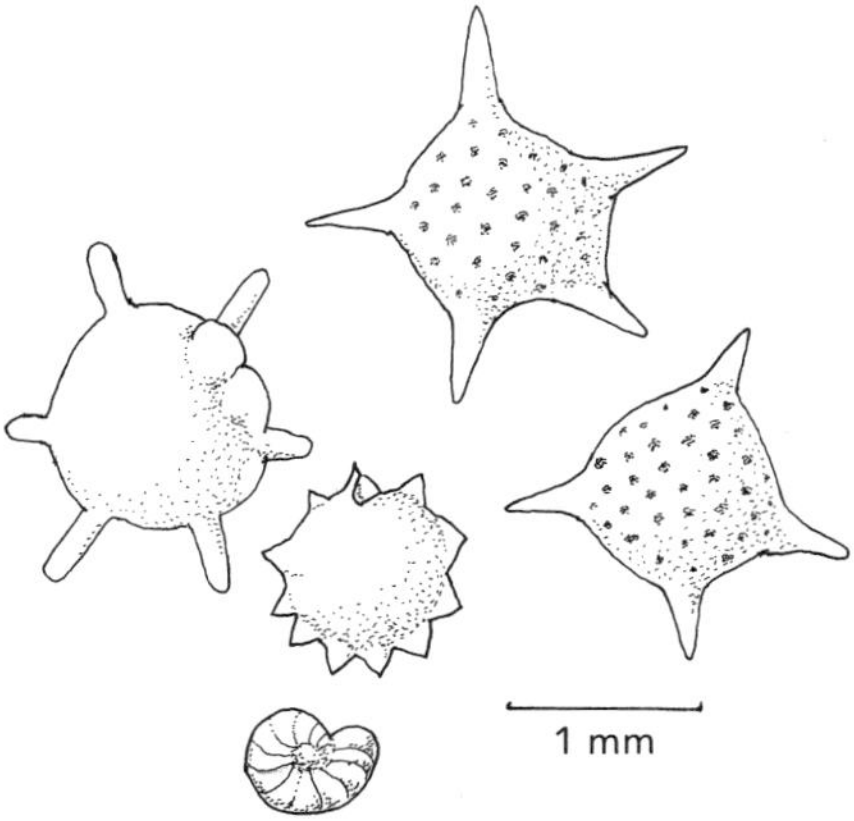

図 4-1　沖縄の海岸の砂中にみられる有孔虫

以前は、クチャの上部に堆積している石灰岩《せっかいがん》が風化してマージになると考えられていたけれど、現在はおもには、中国大陸から偏西風《へんせいふう》にのって飛んできた砂塵《さじん》が堆積したものではないかと考えられている。このマージも沖縄島南部では広く見られる。

「アカンチャともいいますよね」

「アカンチャの土地でつくったイモはおいしくなるよ」

今度は作物との関わりが語られる。

クチャ、マージともに沖縄島の南部ではおなじみの土壌だ。では、海岸の砂は沖縄口《ウチナーグチ》(沖縄の言葉のこと)ではなんとよぶのか、聞いてみた。

「シナ」

そう答えが返ってくる。沖縄の海岸の砂は、白い。

「竹富島《たけとみじま》だと、星砂なんですよね」

その生徒の発言を引きとり、沖縄の海岸の砂は、サンゴや有孔虫《ゆうこうちゅう》(石灰質の殻をもつ原生生物の仲間）のカケラからできていることが多いので白いんです……という説明をした（図4－1）。

この説明に続き、もうひとつ、ガラスの小びんに入った海岸の砂を見せる。僕の故郷の千葉県の海岸で採集してきた砂だ。沖縄の海岸の砂に比べると、かなり黒い。

「これ、昔からそうだったわけじゃないですよね？」

生徒の一人がこう言うので、なるほどと思う。沖縄出身で長く県内にくらしていた夜間中学の生徒たちにとって、海岸の砂は白いものというイメージが抜きがたくある。だから千葉の海岸の砂が黒いのは、「もともとの白い砂浜がよごれて黒くなったものだ」と考えたのだ。

「こんな黒い砂の上で海水浴をするんですか？」

「なんか、燃やしたカスみたいな色ですよ」

千葉の海岸の砂、さんざんな言われようだ。

「よく見ると、きらきらしたものも入っていますね」

そう、この黒い砂には、黒い鉱物が多く含まれている。つまり、もともと黒い砂なのだ……と説明をするけれど、信じない生徒もいる。

本土の海岸の砂って
ずいぶん汚れてるんですね
千葉の海岸の砂
砂といえば白

「いや、よごれですよ。だって、砂は白いですよ」

「本土の砂はみんな黒いんですか?」とも聞かれた。本土にも、白っぽい色をした海岸の砂はあると、その実物を提示した。白い鉱物が多く含まれている海岸なら、砂の色は白っぽくなる。

「沖縄と本土では、海岸の砂のできかたがちがうんです」

そう、説明をする。本土では、山が川にけずられ、そのけずられた岩石が流れていくうちにどんどん小さくなって砂や泥となり、その砂や泥が海岸に堆積して砂浜を形づくる。そのため、もとの山をつくっている岩石の成分によって、海岸の砂の色は異なってくる。

「たとえば……」と、ここで、屋久島《やくしま》の海岸の砂を見てもらった。屋久島は九州の沖合にうかぶ島だけれど、その最高標高は1900メートルを超え、九州一の高さをほこる。そのため川は急峻《きゅうしゅん》で、山をつくっている岩石がくずれ、石となり、さらにけずれて砂となり、その砂が海岸に堆積するものの、その砂の粒子《りゅうし》は、まだかなりあらい。

また、屋久島の山は白い地に黒い鉱物が点々と混じった花崗岩《かこうがん》を主体としているので、海岸の砂も白をベースに、点々と黒い粒が混じっている。屋久島の海岸の砂は、いかにも山の岩石がくだけて砂になったというさまが見てとれるものなのだ。

こうしたあらい砂がさらにくだけていって、海岸の細かな砂になるということを、この砂を見て想像してもらう。千葉の海岸の砂の場合は、黒い砂鉄が多く含まれているので、全体的に黒く見える。

「本土には、鉄くずが多いんですか？」

今度は、そう問われて、またなるほど。

鉄くずが砂鉄になったのではなく、自然の岩石のなかに鉄を含んだものがあるんですよ……と説明をした。現代の日本では鉄の原料となる鉄鉱石を海外から輸入しているが、かつてはこのような砂鉄を原料にして農具や日本刀などがつくられていたことも言いそえる。また、砂鉄は元素の鉄そのものではなくて、前回授業で扱った酸化鉄であることにもふれる。

「本土は工場が多いから、海岸に鉄があるわけじゃないんだね」

「昔の人は砂鉄から鉄をつくるのを考え出したりして、えらいね」

「そのうちまた、外国からものが入らなくなって、使うようになる時代がくるかもしれないよ」

各自に、黒い砂と磁石《じしゃく》のセットを渡し、砂鉄が磁石につく性質があることをたしかめてもらう。

「千葉の海岸に磁石をもっていったら、大変だね」

「昔、スクラップ（くず鉄）を集めるのに、こうして磁石を曳《ひ》いて歩いたよ」

地上戦のあった沖縄には、戦後もそこらじゅうに銃弾《じゅうだん》やら砲弾《ほうだん》やら、そのかけらやらが散らばっていた。そうしたくず鉄を集めて、それを売って生計の足しにしていた経験がある生徒がいるのだ。

金属ってどんなもの？

泥や砂の話から、砂鉄につながり、鉄という金属が砂鉄からつくられたという話になった。

では、生徒たちは、鉄以外に、身近な金属として、どんなものを知っているだろう。

「金……も、金属ですか？」

「そうですよ」

鉄や金にくわえて、生徒たちからはプラチナ、ステンレス、アルミの名前があがった。それら、金属の性質を見ていくことにする。

各自に、10円玉を配る。この10円玉を、みがき粉をつけた布でみがいてもらう。

「ヤファタの葉でみがいても、キレイになりますね」

「畑で見つけたお金、そうしてキレイにしたことがあります」

そんな話が飛び出してくる。ヤファタというのは、ムラサキカタバミのウチナーグチだ(図4－2)。ムラサキカタバミの葉には、シュウ酸が含まれている。酸が、金属のよごれを落とすはたらきをもっているのだ。

「シークヮーサーでもよごれが落ちます」という発言もあった。シークヮーサーは沖縄原産のミカンで、酸味が強く、同じようにこの酸が、よごれを落とすのにはたらく。

「下水掃除で見つけた、よごれた硬貨をみがいてキレイにしたことがあります」

「クレンザーを使ってもよく落ちますね」

10円玉のよごれを落とす……というのは、これまた、思いのほか、生徒たちの実体験に結びつくものだった。しばらく、10円玉をみがいていると、表面が

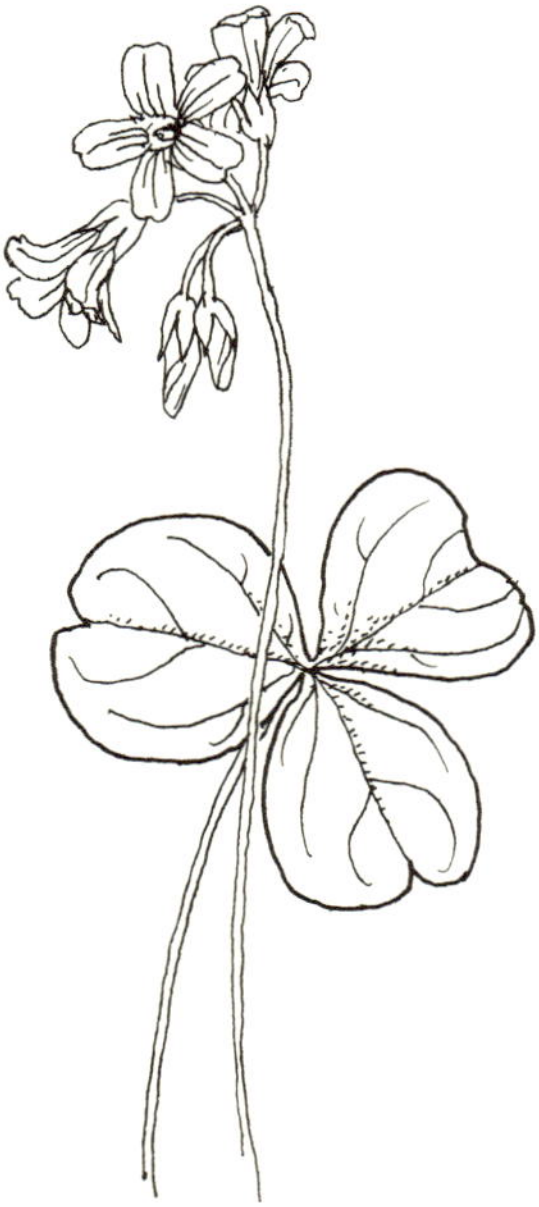

図4-2　ムラサキカタバミの花と葉

光り始める。かつての銅鏡は、このようにみがいた金属の表面を鏡として利用したんですよと、説明をした。

「あーっ、初めてよくわかりました。遺跡から鏡が出たというのを聞いて、見ると、丸い金属の写真がでていて、そこにガラスをはめてたの?って、疑問に思っていたんです」

この、「みがくと光る」というのが、金属の性質の一つだ。

つづいて、500円玉、100円玉、10円玉、5円玉、1円玉をならべ、どの硬貨が電気を通すだろうかと聞いてみた。

「10円」

まっ先に、その声があがる。そのほかの硬貨は電気を通すかわからないという様子だ。

「では、10円玉をつくっている金属は何ですか?」

「銅です」

銅線は電気を通すという知識があるのだ。

「500円玉をつくっている金属は何ですか?」

「銀?」

10円玉以外は、何という金属でできているのかも、よくわからないわけだ。

表 4-1　硬貨の材質

500 円玉	洋　銀	銅 72%，ニッケル 8%，亜鉛 20%
100 円玉	白　銅	銅 75%，ニッケル 25%
10 円玉	青　銅	銅 95%，亜鉛 3%，スズ 2%
5 円玉	黄　銅	銅 60%，亜鉛 40%
1 円玉	アルミニウム 100%	

実際に、電気を通してみる。通電すると白熱電球が光る簡単な自作のテスターでたしかめてみると、すべての硬貨が電気を通すことがわかる。

それぞれの硬貨は、**表4-1**のような金属でできている。

表から、じつはいずれも銅を含んでいることがわかる。ではアルミからなる1円玉は電気を通すだろうか。テスターでためしてみると、1円玉も電気を通すのがわかる。

金属の性質の2つ目は「金属は電気を通す」というものだ。

ただ、金属の種類によって、電気の通しやすさにはちがいがある。金は他の金属に比べ電気を通しやすいという性質があるため、貴金属にもかかわらず電化製品の回路に少量使われることがある。

「なぜ、金属は電気を通しやすいんですか?」

生徒から、こんな声があがった。これはとても重要な質問だ。この質問は、次週、あらためて取りあげることを約束した。

金属はたたくと延《の》びる

金属の３番目の性質は、「たたくと延びる」というもの。金床《かなとこ》の上で針金をたたくと、たたいたところが広がっていく。

この延びる性質に関して、きわだっているのも金だ。その性質を利用して、金はごくうすく延ばした金箔《きんぱく》に加工して利用ができる。１立方センチの大きさの金は10平方メートルの大きさまで延ばすことができ、その厚さは１０００分の２～３ミリまでうすくなる。

「金箔が料理にのっていることがありますが、食べるとおいしいんですか？」

まったく味はしないし、消化もしませんというと、オドロキの声があがった。

「消化しないのに食べるんですか？」

「逆です。金は丈夫で舌にのせてもとけださないので、味がしません。消化管のなかでもとけないので、体内に取りこまれません。だから、食べても無害なんです。簡単にとけてしまう金属だと、体のなかに大量に入りこんで悪さをしたりする可能性もあるわけです」

「金属はたたくと延びる」というのは、これだけ聞いても、「そうだよね」と思われてしまうぐらいのことかもしれない。ところが、夜間中学では、ここでも、さまざまな体験談が語られることになる。

アメリカ世《ユー》（沖縄の言葉で時代のことを「ユー」という。つまり戦後、1972年に沖縄が日本に復帰するまでのアメリカ統治時代のこと）とよばれる時代は、通貨もアメリカと同一だった。

「銀の硬貨があったから、たたいてジーファー（かんざし）をつくってもらったよ」

「指輪もつくったね」

「あれは、一時、はやったね」

生徒たちは、そんな体験談を語り出した。

さらに。

「今、普天間《ふてんま》飛行場が移転しようとしている大浦《おおうら》に、昔、捕虜《ほりょ》収容所がありました。私は子どものころ、そこに入っていました。ちょうど冬だったんですが、マラリアがはやりました。配給のグリーンの毛布は、各家庭に2枚ずつしかありません。いっぺんに2人マラリアになると、もう毛布がたりないんです。

そこで、布団《ふとん》をつくろうという話になって。このとき、材料は、食料の入っていたカマス袋と、セメント袋をとじていた糸と、ぬい針は、だれが考えたか、コンビーフの金具です。

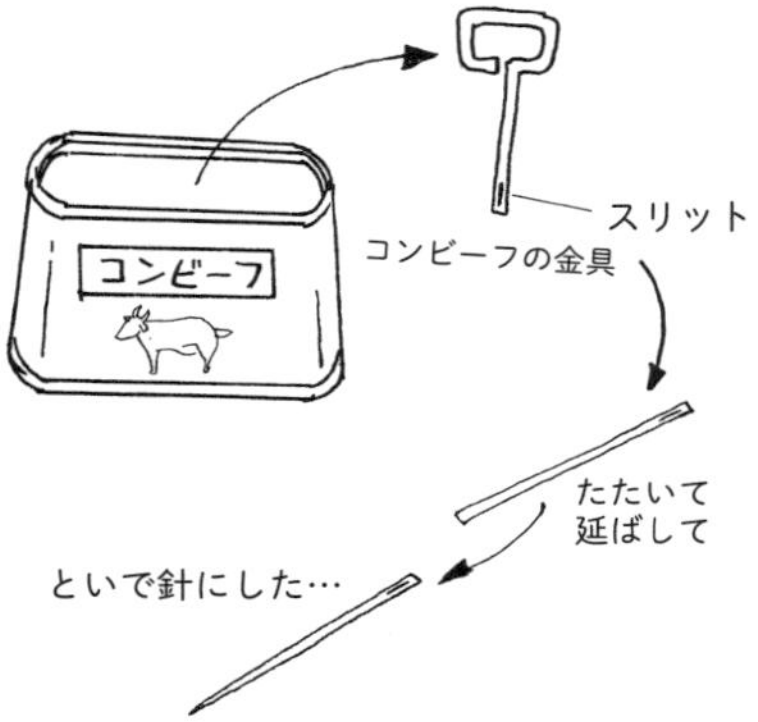

図4-3　コンビーフの金具から針をつくる

コンビーフの缶を開ける金具には、穴（スリット）があいているでしょう。父がその金具をカンカンたたいてのばして、それをといで先をとがらして針にしました（**図4―3**）。こんな針ですから、本当の布だったらぬえなかったでしょう。カマス袋だったから、目があらくてぬえたんです。

カマスをぬい合わせるだけで、なかには何もいれませんでした。それでも重みがありますから、マラリアのふるえをとめられるんです。下に毛布をひいて、上にこれをかけました。夜、これをかぶらないと寝られません」

「金属はたたくと延びる」という話から、こんな体験談まで語られ出した。この話をしてくれたのは、ブタの脂を灯《あか》りにしました……という話をしてくれたのと同じ、Hさんだった。

ここで仁丹《じんたん》も食べてもらった。

「ひさしぶりに食べたね」と生徒たち。

この仁丹の表面の銀色は何？と問うと、すかさず「銀」という答えが返ってきた。

「電気は通すの？」

こんな発言もさっそくでる。

そこで通電テストをすると、ちゃんと電気が通ることがわかる。仁丹の表面には金属（銀）がはられているわけだ。

ちなみに、授業に参加してくれている学生ボランティアは、「カマス袋」（あらい繊維《せんい》で編んだ、穀物などを入れる大型の布袋《ぬのぶくろ》）の意味がわからないし、「仁丹」も知らないということだった。僕は、子ども時代、遠足の時など、車酔いをしたら、仁丹を口にした。こんな経験があるのは、僕らよりどのくらい下の世代までなのだろう……。

今の若い人向けに簡単に説明するとしたら、仁丹は、ケーキの上にのせたりするアラザンによく似た、銀色の小さな丸い玉状のサプリと説明したらいいだろうか。かむと漢方薬の味がする（ためしに僕の勤めている大学の学生に食べさせてみたら、みな、「うえっ」という顔をして「なんだか、おばあが好きそうなニオイがする」と言っていた）。

夜間中学の理科の授業をすると、世代による生活体験のちがいに気づかされる。それは、戦前に生まれた夜間中学の生徒たちの世代と、１９６０年代生まれの僕らの世代との間にだけあるのではなく、僕らの世代と今の若者や子どもたちの世代の間にも存在する。

金属に共通点があることを見てきたが、最後に金属にもさまざまな性質の違いがあることを、いくつか見てみる。そこで、釣りに使う鉛《なまり》製のおもりを見せ、手にもってもらう。

「重たいですね。これって、金より重たいですか?」

金属は種類によって、密度にちがいがあることを紹介した。ジーファーとよばれる沖縄風のかんざしは、生徒の発言にあったように、本当は銀を加工してつくられるが、現在はより安価な代用品としてアルミ製のジーファーも市販されている(僕の妻は琉球舞踊《りゅうきゅうぶよう》をやっているため、衣装に使うジーファーを持っている。このジーファーがアルミ製)。

表 4-2　金属の密度

金属名	g/cm³
アルミニウム	2.7
鉄	7.8
鉛	11.3
金	19.3

銀のジーファーとアルミのジーファーを持ち比べてみれば、同じ形をしていても、重さにはずいぶんちがいがあることはすぐにわかる。

金属の種類による密度(1立方センチあたりの重さ)は**表4―2**のとおり。

これを見てわかるように、金のほうが、鉛よりも、同じ体積あたりの重さは重い。鉄よりも密度が大きい金属には、ほかに水銀(密度13・5)もある。ガラスびん入りの水銀を見せ、びんごと持って、重さを確認してもらう。

「昔、体温計を割ってしまったことがあって、こぼれた水銀を手のひらの上でころがしたことがあります。そのときは、体に害があるってしらなかったんですよ」

「私もやったことがあります」

ここでも、こんな体験談が語られた。

今は水銀体温計も仁丹と同様、身近なものではなくなってしまっているから、少し説明が必要かもしれない。理科実験で使う温度計は、ガラス管のなかに赤い液体が入っていて、これが熱により膨張・収縮して温度を表わす。この液体は赤くそめられたアルコールだ。

昔の水銀体温計は、このアルコールの代わりに水銀が使われていた。そのため体温計のガラスを割ってしまうと、なかから水銀がこぼれ落ちてしまう。水銀は表面張力によって小さな球状にまるまるので、これを転がして遊んだ……という話をしてくれたわけだ。

「今日は金属の3大性質をとりあげました。みがくと光る、電気を通す、たたくと延びるという3つでしたね」。授業の内容を、そう、簡単にふり返ったが、それにしても金属の授業は、思った以上に、いろいろな体験談が語られる授業だった。

メモ

この授業のなかで語られた、コンビーフの金具から針をつくったという体験談は印象的だ。こうしたいろいろな体験談が語られるということは、金属はそれだけ僕らのくらしと、切ってもきれないものということだ。

実際、見回せば、そここに金属製品はある。金属はそんなふうに当たり前の存在であるけれど、そのぶん、金属とは何かということをきちんと考える機会がないようにも思う。

金属の3大性質は、その意味で、金属を「もの」としてとらえるときの足がかりだ。加えて、6時間目の授業でとりあげるけれど、物質世界を理解するうえで、金属は重要な位置を占めていることからも、この金属の3大性質「みがくと光る、電気を通す、たたくと延びる」をとらえておくことは、重要だろう。

5時間目

電気を通す液体
——コーラって電気を通す？

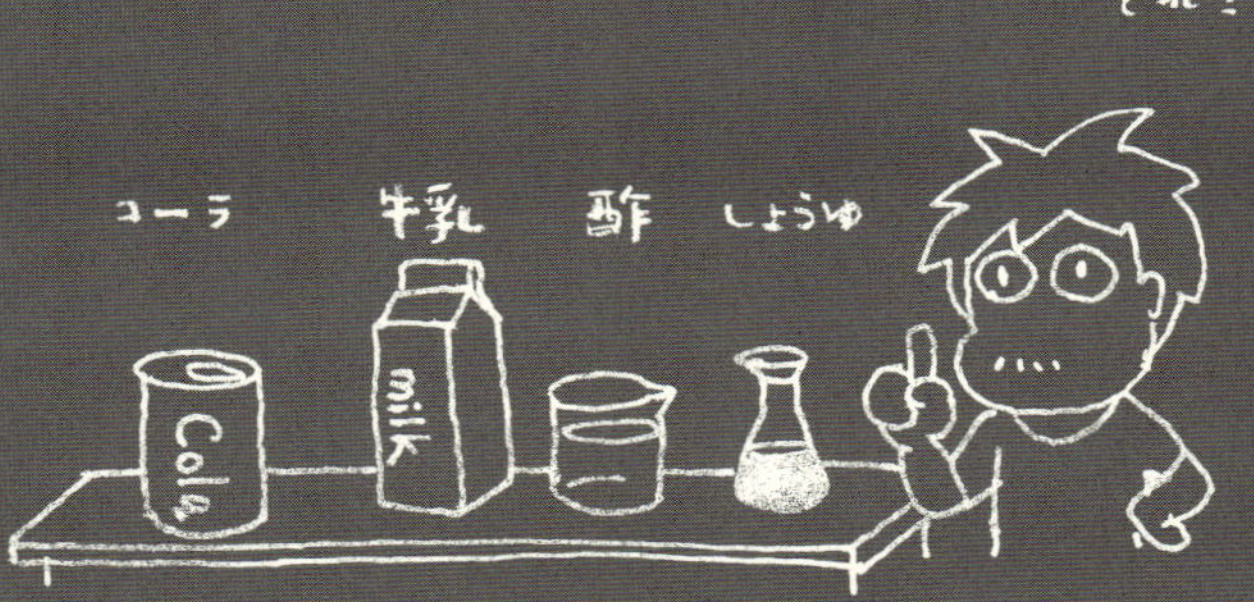

コーラって電気を通す？

金属は、どうして電気をよく通すのか？

前回、生徒から出されたこの質問を考えてみたいと、授業の最初に話をした。

最初の実験で使ったのは、前回の硬貨の通電テストにも使った、白熱電球の回路の途中に電極をつけたテスターだ。このテスターを使用して、どんな液体が電気を通すのかを見ていこうと考えたのだ（**図5－1**）。

「水は電気を通しますか？」

まずこの問題を考えてもらった。

「電気を通します」

「水のなかに差しこんで、お湯をわかす装置を見たことがあります。だから水は電気を通すと思います」

　こんな予想が返ってきた。そこでビーカーに水を入れ、そこに先のテスターを入れ、プラグをコンセントに差しこんでみる。しかし電気はともらない。

「えーっ？」

　生徒たちは不思議顔をしているけれど、水は電気を通さない。

　つづいて、塩水で実験をしてみる。塩水の場合は、電球が明るくかがやく。ぬれた手で電気製品をさわると危険なのは、人の体表や体内には塩分があるからです……と説明を加えた。

「それなら、海水も電気を通しますか？」

　もちろん、海水も電気を通す。ただ、ここで「海水を用意してくれればよかった……」と思う。さすがに海水までは用意してこなかった。

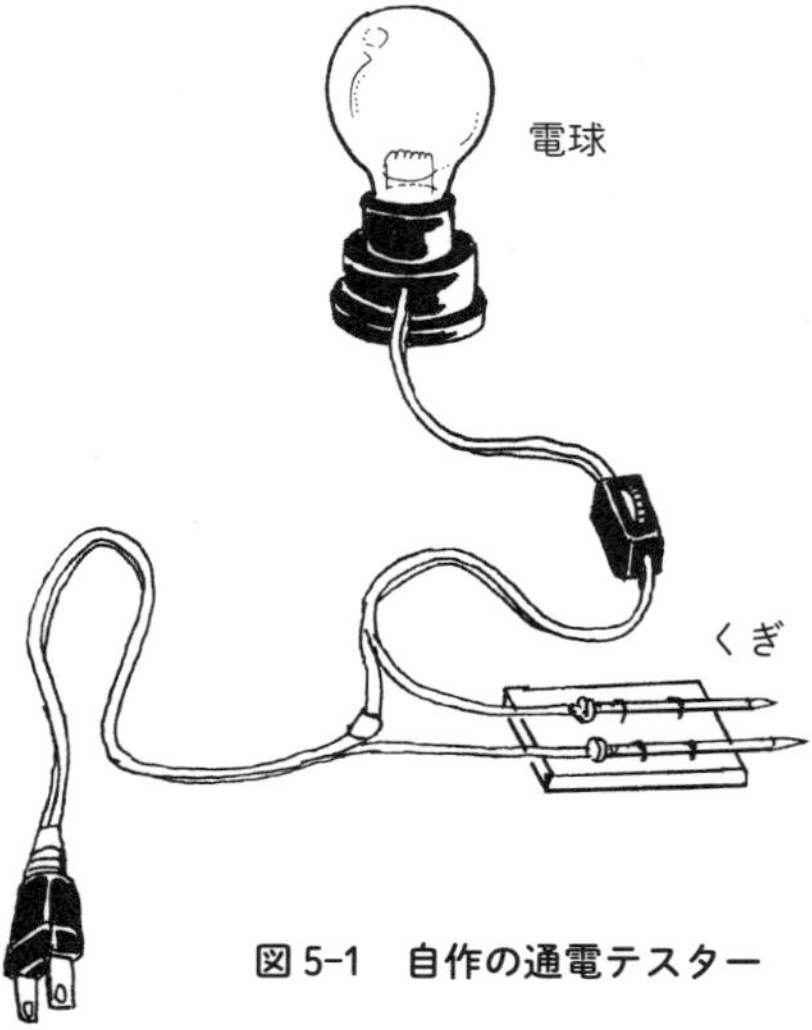

図5-1　自作の通電テスター

では、砂糖を水にとかした場合は、電球はともるだろうか。

この問題に対する予想は、「電球はつく」(1人)、「つかない」(7人)、「わからない」(2人)という結果となった。

実験をしてみると、砂糖水では電球が光らないことがわかる。水に物質をとかした場合、電気が通る場合と、電気が通らない場合があるわけだ。

つづけて応用問題。酢、しょうゆ、コーラに電極を差しこんだ場合、電球はともるかどうかを考えてもらった。

予想は**表5-1**の通り。

表5-1　電気を通すかの予想

	電球はつく	つかない	わからない
砂糖水	1人	7人	2人
酢	5人	5人	0人
しょうゆ	8人	1人	1人
コーラ	0人	8人	2人

酢から実験でたしかめてみることにする。

「酢の中に塩が入っていたらつくと思います。成分表になんと書いてありますか?」

実験を始める前に、ある生徒から、そんな質問が投げかけられた。

この質問で、持ちこんだ酢の成分表示を見てみた。じつは授業にもってきていたのは、沖縄でよく利用される合成酢だった(本土で、普通、酢として使っているのは、穀物を発酵《はっこう》させてつくった醸造酢《じょうぞうす》というもの)。

合成酢は工業的につくられた酢酸《さくさん》を水でうすめ、糖分などを加え、味を調《ととの》えたものだ。醸造酢に比べると酸がきつく、水でうすめて使う。この合成酢は、戦後の穀物不足のころの名残《なごり》と言える。沖縄では「これを使わないと酢のような気がしない」という年配者もいるようだ(それでも、沖縄でも、最近は醸造酢のほうが一般的になってきている)。

この合成酢の成分表示を見て、ちょっと驚く。生徒の指摘のように塩が含まれているのだ。そこで、この酢とは別に醸造酢を探したが、あいにく学校には見当たらなかった。かわりとして、フィルム写真のころの現像に使われていた酢酸を急遽《きゅうきょ》、用意することにした(写真を使った実験をしようと思って用意をしてあったものだ)。

容器に合成酢を入れ、そこに電極を差しこむと、電球は暗く光った。しかし、合成酢の場合、含まれている塩分が電気を通した、とも考えられてしまう。そこで酢の酸味成分である、純粋な酢酸でも実験をしてみる。結果、酢酸でも電球が暗くともることがたしかめられた。

では、しょうゆはどうだろう。

「しょっぱいから、電気は通ると思います」

「でも、意外なこともあるから、やってみましょう」

実験。

「わーっ、明るい。今までで、一番、明るい」

予想通り、しょうゆは電気を通したのだけれど、電球の明るさが予想以上だったので、生徒たちは声をあげていた。

「コーラが問題ですね」

「つきそうもないけど」

「甘いけど、炭酸が入っているよ。そうすると、つくかも」

実験をしてみると、ごく弱々しく電球がともるのがわかった。

最後に、つけたしでもう一問。「牛乳は電気を通すだろうか？」という問題だ。

「牛乳にも塩分が入っているんじゃないかしら」

「牛乳は脂肪じゃないの？」

「牛乳は牛の体内から出てくるものだからねえ」

「牛乳は甘いですよね。砂糖が入っているのですか？」

「電気がついたらビックリですよ」

かなり、いろいろな意見が出される。予想を聞くと、電球がつくと思う生徒は1人だけ。

ところが、結果は、電球は弱いながらも光る。

「なぜ、牛乳でも電気がつくんですか？」

この質問を受けて、実験をまとめることにした。

水に物質をとかしたとき、電気が通る場合と通らない場合がある。これは、水にとけた物質が、電気を運ぶはたらきをするか、しないかということだ。

しょっぱい液体、酸《す》っぱい液体は電気を通した。コーラも弱いながらも炭酸が含まれているから「酸っぱい液体」の仲間で、電気を通す。牛乳の場合はどうだろう。牛乳はしょっぱくも酸っぱくもないけれど、脂肪分だけでなく、ミネラルとよばれるものがとけこんでいる。このミネラルがとけている液体は、電気を通す。

まっ白の砂糖をとかした水は電気を通さないけれど、糖分以外にミネラルを含んでいる黒砂糖を水にとかしたもので実験をしてみると、弱々しいながら電気が通る。

豆腐を固めるはたらき

続いての実験は、豆腐づくり。市販の豆乳を温め、にがりを入れて豆腐をつくる。

豆腐づくり実験もまた、生徒たちのいろいろな生活体験が語られだすきっかけとなった。

「小学生のころまで、家で豆腐をつくっていましたよ。ブタを飼っていましたからね。トゥフヌカシー（おから）をブタのエサにするので、豆腐をつくったんですよ。ブタにはトゥフヌカシーのほかにイモの葉とかもあげていました。当時のブタは、自然食ですね。昔のブタは、今のと味がちがっていて、おいしかったですよ」

「自家用に豆腐をつくりましたが、たくさんつくると売ってもいました。豆腐をつくったときに出るくずに、豆腐をつくったときに出た泡も入れて、ひと煮立《にた》ちさせて、それをふきんでしぼってかためたアーブク豆腐というのもつくりました。これを好んで買っていく人もいました。安くて量が多いですから。

昔、豆腐をつくるのに使ったのは、シママーミといって、粒が小さいダイズでした。それだけでつくった豆腐は、本土からきたヤマトマーミでつくった豆腐とは味がちがうといいましたね」

「朝ご飯にトウフマーミ（ダイズ）をすり鉢ですって、それを汁《しる》にいれたものがあったんですけど、あれはおいしかったですね」

「昔は豆腐づくりに使う海水を、馬車に乗せて売りにきましたよ」

「うちでは、海水とにがりを半々にして豆腐をつくっていました」

沖縄の伝統的な豆腐づくりでは、水につけたダイズを生のままくだいて豆乳をしぼり、その豆乳を温めてから海水で固める。海水には、塩——つまり、塩化ナトリウムが入っているが、そのほかに、にがりも含まれていて、豆乳を固める作用がある。

スーパーの豆腐コーナーに行くと、プラスチック容器入りのにがりが売られている。見た目はただの水のようだが、なめるとひどく苦い。このにがりに電気が通るか白熱電球を使ったテスターでためしてみると、明るく電気がともるのがわかる。海水から抽出されてつくられるにがりの化学的なよび名は、塩化マグネシウムだ(市販のものは、水にとかした状態のもの)。

こうしたなんとかマグネシウムや、なんとかナトリウム、なんとかカルシウムというものが、先にでてきたミネラル分ともいったりするもので、水にとけると電気を通すはたらきを持っている。

にがりや海水には豆乳を固める作用があるけれど、こうしたミネラル分が含まれているものなら、作用の強い、弱いはあるけれど、同じように豆乳を固めることができる場合がある。たとえばスポーツドリンクも、弱いながら豆乳を固める作用がある。**図5－2**のように、あたためた豆乳に粉末状のスポーツドリンクをくわえていくと、やわらかい豆腐状のものができる(味は、不思議なものになってしまうけど)。

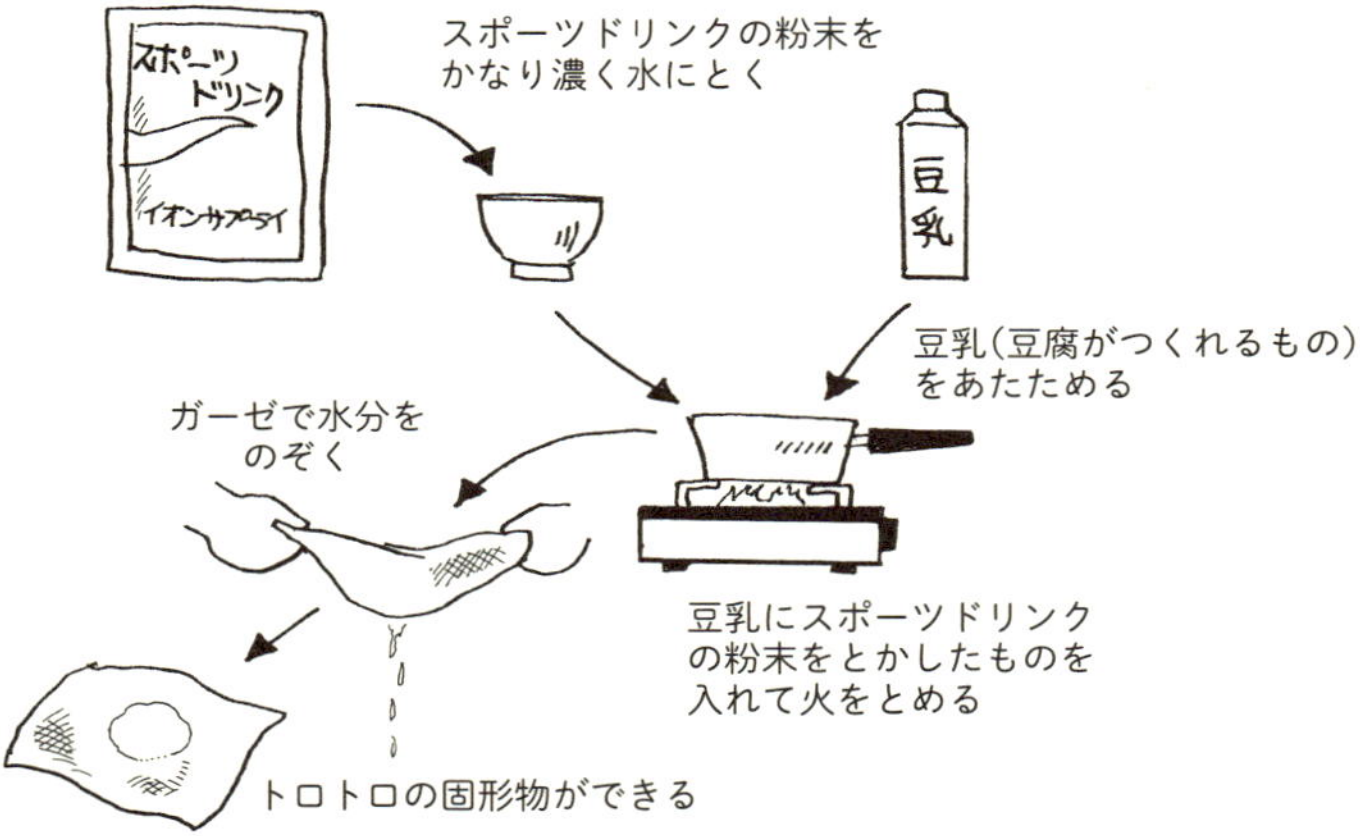

図 5-2　スポーツドリンクで豆腐をつくる

粉末状の塩は白いけれど、水に入れ、とかすと透明になる。それでも、塩は消えてしまったわけではない。それまで味のしなかった水はしょっぱくなるし、電気を通さなかった水が、塩をとかすと電気を通すようになる。つまり、とけて透明になった塩が、電気を運ぶはたらきをしていると考えられる。

このとけて見えなくなり、電気を運ぶようになった塩のことを、「イオン」とよんでいる(より正確にいえば、塩=塩化ナトリウムは、水中では塩化物イオンとナトリウムイオンに分かれる)。にがりも透明な液体だけれど、このなかには塩化マグネシウムという物質がイオンになってとけこんでいる(水にとかすと、塩化マグネシウムは塩化物イオンとマグネシウムイオンに分かれる)。このイオンが、電気を通し、また豆乳を固める作用をする。

「イオンって、クーラーとかにもありますよね」

そんな声が聞こえてくる。

電化製品には、「マイナスイオン発生」といったうたい文句がつけられたものがあるけれど、これが体にいいとかといったことに科学的な根拠はありません、という話を少しした。

「えーっ、そうなんですか?」

「この前、イオンがでる……っていうのを買ったばかりですよ」

しばし、けんけんがくがく。

授業の最後に、イオンとは何かということを、もう少し説明することにした。

磁石を引きあいにだして、説明をしてみる。磁石に、引きよせられるものと、そうではないものがある。磁石にはNとSがあり、たがいに引きあう。電気にも通すものと、通さないものがある。そして、電気にはプラスとマイナスがあり、たがいに引き合う。

イオンにもプラスとマイナスがあって、塩を水にとかした場合なら、ナトリウムイオンはプラス、塩化物イオンはマイナスとなっている。

静電気の実験を通して、電気にはプラスとマイナスがあることを確認してもらった。各自にストローを配り、粘土《ねんど》にさしたようじの上にストローをやじろべえのようにしてのせる。

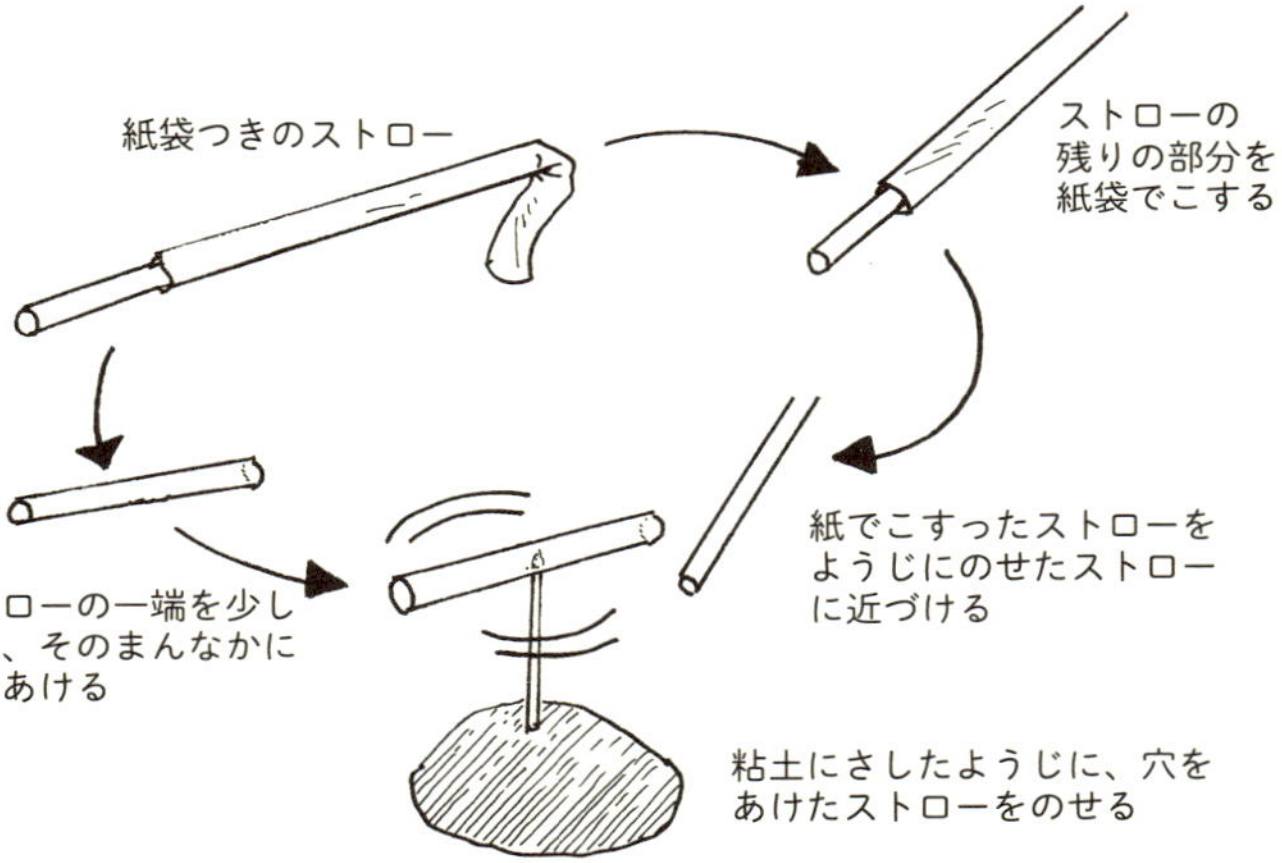

図 5-3　静電気実験

そのストローをつつみ紙でこすってから、同様につつみ紙でこすったストローを近づけてみる、という実験だ(**図5－3**)。

「回る、回る！」

「楽しいです」

「孫に見せよう」

けっこう、楽しみながら実験していた。

「液体のなかで、しょっぱいものと酸っぱいものは電気を通しましたね。それに対して、砂糖を水にとかしたものは、電気を通しませんでした。塩のように水にとかした時に電気を通すようになるものは、水中でイオンという、電気の性質を持った粒になっているという話も紹介しました」

こう、この日の授業内容をふり返る。ただし、この日、金属がなぜ電気を通しやすいかという質問の答えには、たどりつくことができなかった。次週、この続きを考えていくことにする。

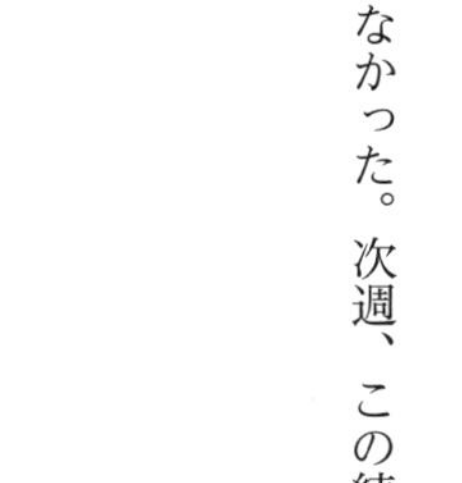

メモ

イオンは、なかなかとらえにくいものだと思う。6時間目のコラムでごく簡単に原子の構造にふれるなかでイオンについても紹介しているので、それも参考にしてほしい。また、これも6時間目の内容になるけれど、イオンを理解するには、世界中のものは、3つに分類できるという見方も有効だろう。

水にとけると、水溶液が電気を通すようになるものの代表が塩(塩化ナトリウム)だ。僕たちは、台所にある塩(塩化ナトリウム)が塩だと思っているけれど、これは別名をわざわざ「食塩」というように、じつは食べられない塩もずいぶんとある。例えば石も塩の仲間だ。だから足元の大地は、さまざまな塩の仲間でできているといっていい。

イオンとイオンがくっついてできているものを塩(しおではなくて、エンと読む)というが、これには水にとけるものととけないものがある。水にとける塩の場合は、その水溶液は電気を通すようになるわけだ。

海水は電気を通す。これは、昔むかし、地球ができてしばらくしたのち、酸性の雨が大地の岩をとかして海へと運びこんだ結果だ。海水中には大地からとけだしたイオンが大量に含まれている。その海水中に生まれた生命は、やがて体内を、擬似的な海水で満たすようになり、地上に進出した生き物の末裔《まつえい》である僕らの体内にも、血という海水を「おおもと」にもつ液体が存在する。

だから、血も電気を通す。ほ乳類の分泌《ぶんぴつ》する乳は、これまた血や汗から生まれたものだから、もとをたどれば、やっぱり海水だ。そう考えていくと、牛乳が電気を通すのも、もっともだと思えてくる。

6時間目　金属と金属じゃないもの
——世界の3大物質

失敗の授業

6時間目は、前回の授業を受けて、「なぜ金属は電気を通すのか」という疑問をさらに考えていくつもりで授業案をつくった。

しかし、最初に結果をいうと、僕の授業は大失敗をしてしまった。

「なぜ金属は電気を通すのか」という疑問にきちんと答えようとしたら、原子や、原子の内部構造を説明しなければならなくなる。そのため、前回の授業で、イオン（水溶液中で電気を運ぶもの）や静電気など、原子の構造や、電子といったものにつながる現象を説明した。

この日の授業では、その前回の授業内容をふり返りながら、原子の構造を説明することにした。ものは原子という粒でできている。この原子には種類がある。原子にはまんじゅうのようにあんこの部分と皮の部分がある。あんこにあたるのが＋(プラス)の電気をおびた陽子で、皮にあたるのが、ー(マイナス)の電気をおびた電子……このような説明を、実際にまんじゅうを見せながらおこなったのだけれど、生徒たちが納得するようにうまく説明ができなかった。

原子や、さらにその内部の構造は、僕たちが日常目にしたり、体験したりする世界とは、まったくの別世界の物事だ。一方、これまで紹介したように、夜間中学の生徒たちの特徴は、学校で理科を勉強したことがなくても、いろいろな生活体験をつみ重ねていることだった。

だから、なんとか原子やその構造を、夜間中学の生徒たちの見知っている身近な現象につなげようとしたのだけれど、失敗してしまった。かえって、原子やその構造といった話は、生活体験できる世界とはまったく異なった世界であるということを、きちんと伝えた方がよかったのかもしれない。

それに加えて、原子やその内部構造について授業で扱った場合、その学んだ内容が、どう生徒たちの日常生活に返せるのかという点も、自分のなかではっきりしなかった。「将来、大学入試のテストに出るから理解しましょう」という理屈は、夜間中学の理科ではまったく

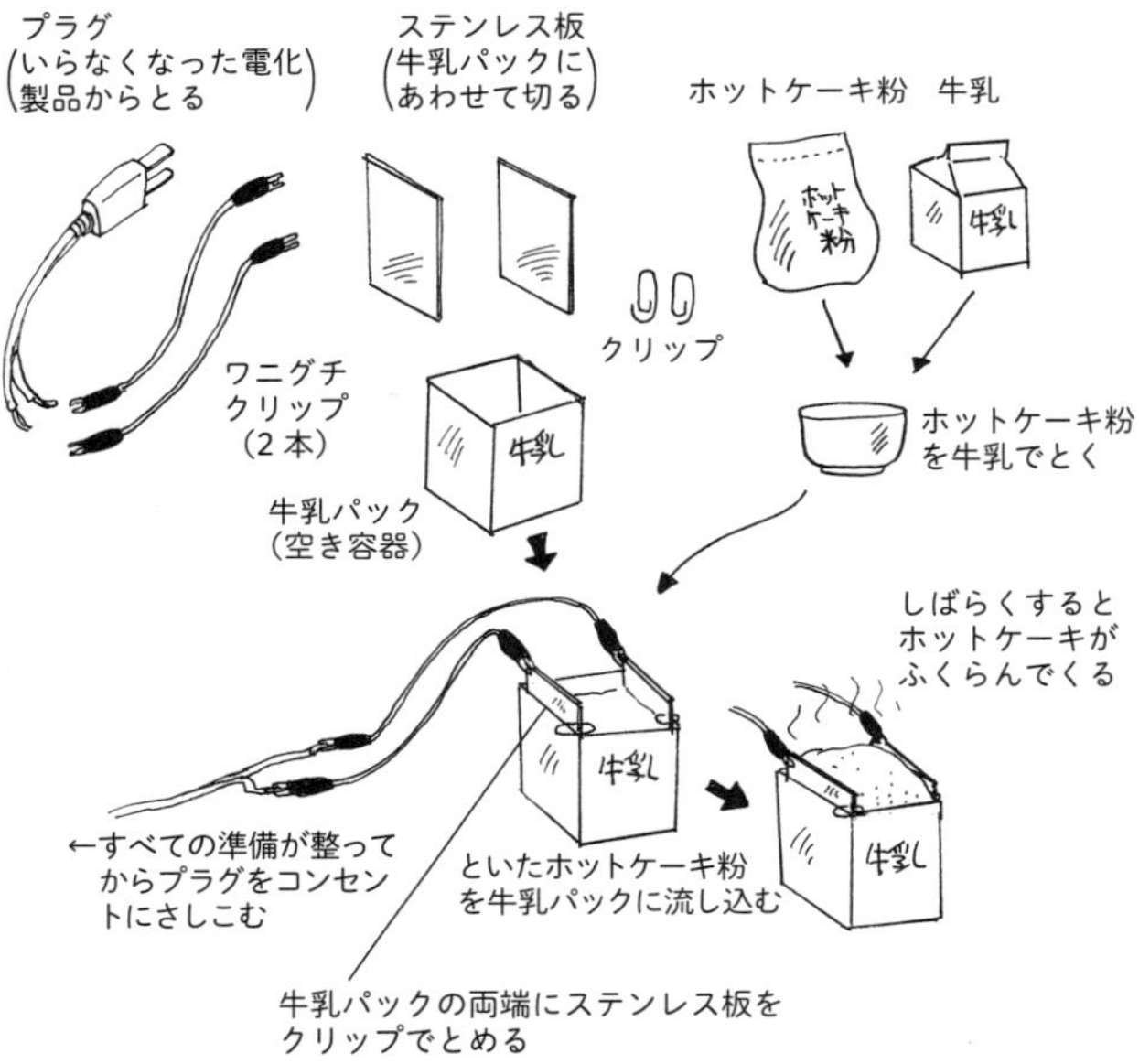

図 6-1　電気パン

通用しないわけだから。

何とか、目に見える現象ともつなげようと、授業の後半では「電気パン」の実験もやってみた。市販のホットケーキ粉に牛乳を加え、牛乳パックのなかに流しこみ、これをパックに差しこんだ2枚のステンレス板に電気を流して焼くという実験だ（**図6−1**）。

ホットケーキ粉には重曹《じゅうそう》が入っているので、牛乳を加えたことでイオンになり、電気を通す。しかし、牛乳を加えたホットケーキ粉は電気が通りにくいため、電気が通るときに熱を発してしまい、この熱でホットケーキが焼けるというしくみになっている。もう一度、イオンや、イオンと電気の関係をおさらいしようと思ってやってみた実験だ。

「もうふくらんできたよ」

「蒸しパンみたい」

電気の力でパンを焼くという実験自体はおもしろがってもらえたのだけれど、電気パンの原理を説明するところでまたつまずいてしまう。前回の授業内容以上にイオンとは何かを説明することはうまくできなかった。

この日の失敗の授業記録を、これ以上、細かに紹介するのはやめようと思う。読者の方は、かえって混乱するだろうから。そうではなくて、こうした失敗を経て、今、僕はどんな授業をしているかについて、ざっと紹介しよう。

世界の3大物質

今、僕は夜間中学ではなく、大学で化学の基礎を教えている。僕が教えているのは、小学校の教員を目指している学生たちだ。そして、小学校の教員を志望している学生たちは、どちらかというと、化学は苦手だという学生が少なくない。そうした学生たちに化学の基礎を教える際、この本で紹介している夜間中学での化学の授業の経験が大きく役立っている。

じつは学生時代、僕は化学が苦手だった。

自分がどうして化学が苦手だったか、考えてみると、いろんな細かな用語や化学式を覚えなきゃいけないという思いこみがあって、化学の世界の「全体図」――言いかえれば、化学の世界を見て歩くときの「地図」のようなものが見えていなかったからだと思う。

そこで、大学生に化学を教えるにあたっては、最初に化学の世界の「地図」を頭に思いうかべてもらえるようにしたいと思っている。

1時間目の授業のところで書いたように、身の回りには、いろいろなものがあり、そのものをつくりあげている物質がある。

では、そうしたさまざまなものや物質を、おおまかに分けてみることはできるだろうか。

じつは、きわめておおざっぱにいえば、世界のどんな物質も3種類に分けることができる。それは、次のような分け方だ。

「（　）」
「（　）じゃないもの」
「（　）」と「（　）じゃないもの」がくっついたもの

この（　）には漢字2文字が入る。

さて、身の回りに目を向けてほしい。本当にいろいろなものが目にとまるだろう。今僕の目の前には、パソコンがあり、机があり、その上に紙が散らばっていたり、コーヒーカップがのっかっていたりする。

これらすべてのものをつくりあげている物質は、みんな先の3種類に分類できるというわけだ。大学の授業で、この漢字2文字は何だと思う?と質問をすると、いろいろな予想があげられる。

自然、人工、分子、固体……などなど。

ものにはいろいろな分け方がありうるのだけれど、化学の目で世界を見るときの、「世界の3大物質」という分け方は次の通りだ。

「金属」
「金属じゃないもの(非金属)」
「金属と金属じゃないものがくっついたもの(金属と非金属がくっついたもの)」

夜間中学の授業でも、金属の3つの特徴を扱った。なぜかというと、ここでとりあげた分類方法を見てわかるように、それだけ物質世界では金属というのが重要だからだ。

では「金属と非金属がくっついたもの」とは、どんなものだろう。たとえば磁石は金属だろうか？　金属かどうかは、4時間目に学んだ「金属の3大性質」に磁石があてはまるかを見てみればいい。一番簡単なのは、磁石を金づちでたたいてみることだ。どうなるかといえば、割れてしまう。つまり、金属のように延びることがない。

金属はたたいて延びるものだけれど、たたいて割れるものもある。これが、「金属と非金属がくっついたもの」の特徴だ。ガラスも、茶碗《ちゃわん》も、石も、みんなたたくと割れる。だから、これらは「金属と非金属がくっついたもの」だ。

料理になくてはならない塩は、日常、細かな粒になったものをよく使っているわけだけど、岩塩《がんえん》といって大きなかたまりになった塩が売られていることがある。これもたたくと割れる。

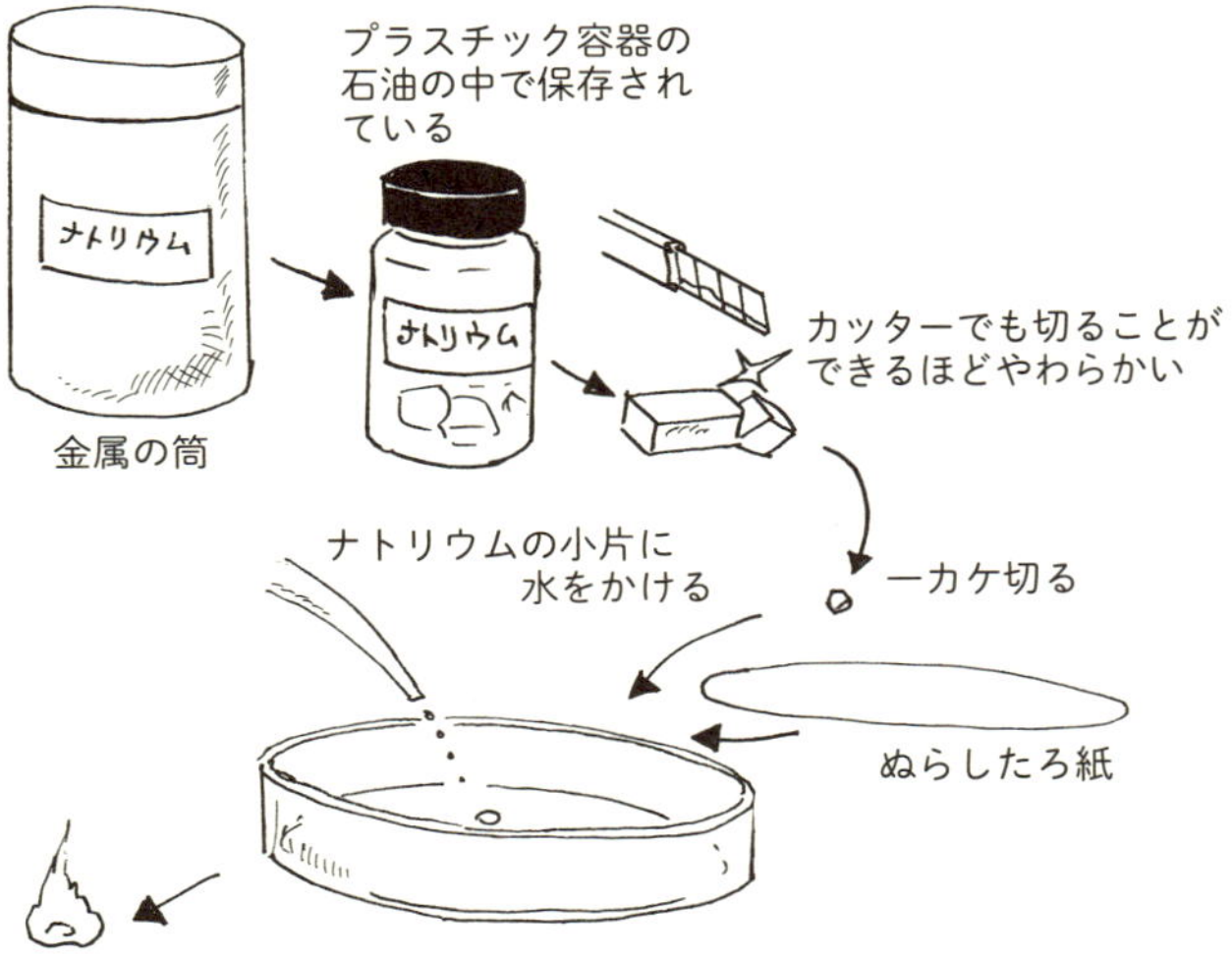

図6-2　ナトリウム

塩の化学的なよび名は、塩化ナトリウムだ(化学式で書くとNaCl)。元素のナトリウムと塩素がくっついたものだ。

塩素と聞くと、プールの消毒に使うものといったイメージが、まずうかんでくる。塩素は水道水の消毒に使うものというイメージが強くあるものだけど、本来はそのまま吸いこむと有毒の気体で、第1次世界大戦では、毒ガスとして使われたこともある。

一方ナトリウムというのはどんなものか。これは日常ではお目にかかることはないだろう。大学の薬品庫には、理科教材屋に注文して取りよせたナトリウムがしまわれている。金属製の筒のなかにさらにプラスチックの小びんがしまわれ、そのなかに石油につけこまれた状態でナトリウムがおさめられている。二重の保存容器が必要なほど、危険なものなのだ。さらに石油のなかにしまわれているのは、水分と激しく反応してしまうから。石油から取りだしたナトリウムは、表面が白っぽいかたまりで、カッターで容易に切ることができる程度のやわらかさだ。そして、その断面は銀色をしている。つまり、金属なのだ。ほんのひとかけ、ナトリウムを切り出して、ぬらしたろ紙をしいたシャーレにおき、さらに少量の水をかけてやると、激しく反応をおこし、しばらくすると炎を出して燃え始める（図6−2）。

こんな激しい反応性をもつ金属のナトリウムと、毒ガスの塩素があわさると、日常なくてはならない、塩になる。塩は、「金属と非金属がくっついたもの」の代表だ。

金属をたたくと延びるわけ

塩のとけた水は電気を通した。これは、塩のかたまりがたたくと割れることと関係がある。学生たちに説明をするとき、感覚的にでもわかることがないかなと考え、こんなたとえを持ちだすことにしている。

バラバラのだんごをひとまとめにするのには、いくつかの方法がある……というたとえだ。串だんごの場合は、いくつかのだんごが串に刺さって、ひとまとまりになっている。ところが、この串がおれると、だんごはまた、バラバラになる。

「金属と非金属がくっついたもの」のたとえが、この串だんごだ。そして、このだんごをつなぎとめている串にあたるものが、電気の力だ。

本当は、原子の内部構造まで説明しないと、なぜそうなのかわからないところがあるけれど、ナトリウム原子は、＋(プラス)に帯電《たいでん》しやすい性質がある。逆に塩素原子は－(マイナス)に帯電しやすい。そのため、この＋と－が引きあって、塩化ナトリウムというひとかたまりが生まれる。

＋と－がたがいに引きあうという電気的な性質によって、塩化ナトリウムの結晶は、塩化ナトリウムの分子が規則正しくならんでいる。ところが、「たたく」といった外部からの力によって、この電気的な結びつきにずれが生じると、そこで結びつきがほどけ、バラバラになる(割れる)というわけだ。

また、水に塩をとかすと電気の結びつきがほどけ、塩化ナトリウムはナトリウムイオン(＋)と塩化物イオン(－)にバラバラになって水中に存在するようになる。こうした電気の力を帯びた粒がただよっている溶液は、電気を通すはたらきをもつ。

では、金属の場合どうだろう。

金属は、金属元素だけでかたまりをつくると「みがくと光る」「電気を通す」「たたくと延びる」という性質を現わす。

さっきの串だんごに対して、金属は、だんごをあんこでからめてひとかたまりにしている状態にたとえられる。だんごの表面のあんこで、相互のだんごがくっつきあっている状態だから、だんごの位置関係が変わっても、結びつきがほどけることはない。つまり、自由に形をかえることができる(たたくと延びる)ということだ。

金属の、このあんこにあたるのが自由電子とよばれる、金属のかたまりをつくっている原子が相互に共有物として所有する電子たちである。この金属のかたまり内を自由に動き回る電子が存在するため、光を反射し(みがくと光る)、電気をよく通す。

化学的なよび名でいえば、3大物質は、原子同士の結びつきがちがっているというふうに説明されている。

「金属」の場合、たがいの原子を結びつけているのは、金属結合。

「金属と非金属がくっついたもの」の場合、たがいの原子を結びつけているのは、イオン結合。

では、「非金属」とは、どんなもので、たがいの原子を結びつけているのはどんな結合なのだろう。非金属を構成している原子を結びつけているのは、共有結合とよばれる結びつきだ。これは、それこそ原子の構造を理解しないとわからない結合方式なので、本書ではこれ以上、深入りしない。

非金属がどんな物質なのかは、また夜間中学の授業を紹介しながら見ていくことにしたい。

コラム　原子のつくり

物質は、すべて原子という粒からできている。この原子には1時間目のコラムで紹介しているように、100種ほどの種類(元素《げんそ》)がある。どの元素の原子も中心に核があり、その周囲に電子が配置されるという構造は一緒だ。

もっとも単純なつくりをした元素である水素(原子番号1)の核は+(プラス)の電気をおびた陽子《ようし》という粒子《りゅうし》1個からなっている。そしてその周囲を−(マイナス)の電気をおびた電子とよばれる粒子(陽子に比べるとずっとずっと小さい)が1個まわっている。＋の粒子1個と－の粒子1個からなっているので、水素原子自体は＋・－がゼロの状態となる。

2番目に単純なつくりをしているヘリウムの場合は、核には陽子2個と、電気的性質のない粒子である中性子《ちゅうせいし》2個があり、その周囲を2個の電子がまわっている。ヘリウムも原子全体で＋・－はちょうどゼロにつりあっている。

さらに陽子や電子の数が増えた元素の原子で、＋・－の状態がアンバランスになっている状態のものがイオンだ(たとえば原子番号11のナトリウムは、核に＋の陽子11個があり、核の周囲に－の電子が同じく11個ある(中性子は12個ある)。しかしこの11個の電子のうち、1つがはずれると、全体として＋の電気をおびたナトリウムイオンとなる)。

7時間目　塩と砂糖はどうちがう？
——「とける」と、「燃える」

塩は燃えかす

「岩塩ですか？」

さっそく、そんな声があがる。持参してきた2種類の岩塩を、生徒たちに手渡した。すぐに岩塩であると認識する生徒もいれば、「これが塩？」と驚いている生徒もいる。

「いい塩は、硫黄《いおう》くさいんですか？」

こんな質問がでた。岩塩によっては、硫黄くささがあるものもあるからだ。

「岩塩って、採《と》ってもまた、できるんですか？」

岩塩には、地層中にうまった時代の堆積《たいせき》物としてあるものと、内陸部の塩湖《えんこ》でできるものがある。

前者は、ほればほるほど岩塩はなくなっていくわけだが、後者の場合は、堆積作用は継続中であることを説明した。

「内陸ってなんですか?」

思わぬことに、岩塩の説明に対して、こんな質問もでる。沖縄は小さな島だから、海と遠くはなれた内陸部という言葉になじみがない。

「昔は、塩は枡《ます》で量り売りをしていましたよ。バーキ(ざる)の底にバショウの葉っぱをしいて、そこに塩を盛って、頭にそのバーキをのせて運んだりしました」

「塩はあちこちでつくっていたよね」

「塩はしっけないようにびんに入れて、お正月にブタをつぶすと、その肉をこの塩でつけこんで保存したものですよ」

例によって、豊かな生活体験が語られ出す。

岩塩に続いて、砂糖のかたまりをとりだした。黒砂糖はあまりに見なれていると思ったので、東南アジアのヤシ糖(サトウヤシの樹液からつくった糖)のかたまりを見せ、少しずつ味わってもらった。

「黒糖に比べるとあっさりしているね」

こうしたやりとりをかわしたあと、「今日の授業では、まず塩と砂糖についてとりあげてみたいと思います」と言った。

「中国語では、塩はなんといいますか？」

この日は、中国出身の生徒が出席していたので、彼女にそう話題をふってみる。

「塩と書いて、イェンといいますよ」

「沖縄では塩のことをマースとよびますね。塩のよび名は、こんなふうに、いろいろとあります。化学のよび名では、塩化ナトリウムといいます」

試験管にロウを入れてコンロの火で加熱をする。これまでの授業の復習だ。ロウは加熱するととけ、やがて沸騰《ふっとう》して気体になることを確認する。

では、塩を試験管に入れて加熱するとどうなるだろうか。

「とけます」

こんな声があがる。そこで実際に火にかけてみる。いつまでたってもとけない。

「あーっ、とけない」

「そうそう、そういえば、塩の湿気を取るのに、鍋《なべ》で煎《い》ったりしますね」

ここで、塩はロウとちがって、コンロの火で加熱してもとけないことを確認する。しかし、どんなに加熱しても、とけることはないのだろうか？

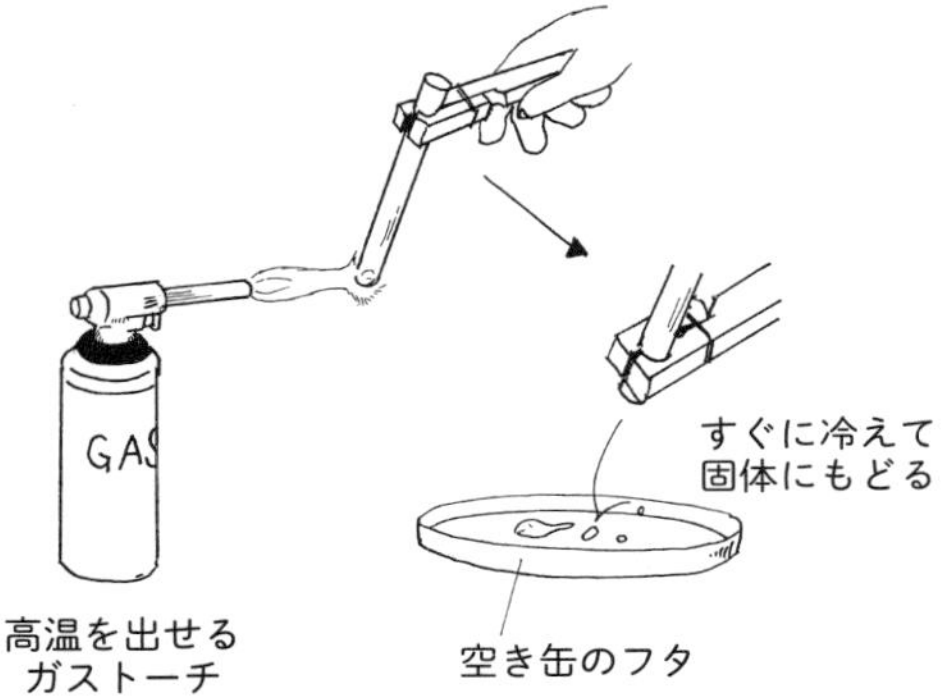

図7-1　塩をとかす

そこで、今度は高温の出るガストーチの火で加熱してみる。すると、試験管が熱で変形しかけるころ、なかの塩が透明な液体に変化することがわかる。この液体の塩を机の上においた金属の皿の上にあけると、一瞬のうちに、固体の塩にもどる(**図7−1**)。

「なぜ、すぐに固まってしまうんですか?」

「今、実験したように、塩は800度くらいの高温でないととけないんです。だから皿の上に流し出すと、すぐに冷えて固まってしまうんですよ」

次に、ロウをスプーンの上にのせ、コンロの火にかざしてみる。すると、ロウはとけたあと、炎を出して燃え始める。塩はどうか。塩の場合は、火にかざしても燃えることはない。

ところで、なぜ塩は燃えないのだろう。塩はもう「燃えたもの」なので、もう一度燃えることはないのだ。

少し難しい質問だけれど、前の授業(2時間目)で一度ふれたことのある、「一度燃えたものは、もう燃えない」という話を思い出してもらう。

「塩は塩化ナトリウムといいます。これは、ナトリウムと塩素という物質がくっついたものです」

ものが燃えるとき酸素との結びつきがおこるが、塩の場合はナトリウムが塩素と結びついている。

「塩素って、〝まぜるな危険〟のやつですよね」

生徒たちには、塩素は漂白剤の成分として認識されていた。塩素系の漂白剤は酸と混ぜて使用すると、漂白剤から有毒な塩素ガスが遊離するので危険……という表示が容器に表示されているのを見たことがある人も多いんじゃなかろうか。

ここで、金属ナトリウムを見てもらった。

6時間目の授業で紹介しているように、ナトリウムの小片は水と激しく反応する。この実験を見てもらう。

「ナトリウムって、食品にもいろいろと入っていますよね。これが入っているんですか？」

おそろしげだとでもいわんばかりのまなざしがなげかけられる。

「ナトリウムは水とでもすぐに反応してしまいます。それだけ他の物質とくっつく力が強いんです。今日、たまたま大学の女子学生と話をしていたら、彼女は結婚願望が強くて、もうすぐにでも結婚をしたいと言っていました。たとえると、こんな結婚願望が強い人のような……すぐに他の物質とくっつきたがるのが、ナトリウムです」

「あれ、そんなに若いのに、もったいない。その子に、ナトリウムみたいだよって、言ってあげたほうがいいよ」

そんな生徒の声に、笑いがおこった。

「ナトリウムはほかの物質と結びつく性質が強いので、天然ではみな、何かと結びついてしまっている状態です。だから食品に入っているナトリウムも、何かと結びついた状態なので、もう激しく反応することはないんですよ」

「じゃあ、さっき実験に使ったナトリウムはどうしたのですか?」

実験に使ったナトリウムは、ほかの物質と結びついた状態のものから、無理矢理ナトリウムを引きはがして取りだしたものなんです……という説明をした。ほかの物質と反応しにくい金は、天然でも金そのものとして産出する。一方、ほかの金属は、なにかの元素と結合した鉱物として産出し、製錬《せいれん》されて単体の金属としてとりだされる。

先に、むかし日本では砂鉄を原料として鉄をつくったという話を簡単に紹介したけれど、砂鉄は鉄と酸素の化合物なので、鉄をとりだす場合は、酸素をひきはがす必要がある。たたら製鉄とよばれる日本古来の製鉄法では（宮崎駿《みやざきはやお》監督の映画「もののけ姫」にたたら製鉄の場面が出てくる）、木炭（炭素）に酸素をくっつけることで、酸化鉄から鉄をつくりだした。

しかし、ナトリウムのように、ほかの物質と結びつきやすい金属を単体としてとりだすのはなかなか難しく、1807年、イギリスの化学者デービーが電気の力を使って、初めて単体のナトリウムをとりだすことに成功している。

砂糖は燃えるか？

さて、塩の性質を見てきたところで、つづいて砂糖の性質を見ていくことにする。

「砂糖を火にかけるとどうなりますか？」

「燃えます」

すかさず返事が返ってきた。

「戦時中、家に爆弾が落ちたんです。そのとき、防空壕《ぼうくうごう》に砂糖をたるに入れてかくしてあったんです。家のなかに食料を入れておったら、軍隊に取られてしまうんで。砂糖のたるはひとつ100斤《きん》(60キロ)入りです。それが2つ、3つ入っていました。家はすぐに焼け落ちました。防空壕もつぶれたんですが、つくりが簡単だったので、そんなにたくさんの土はかぶりませんでした。

ところが、たるのなかの砂糖に火がついて、プクン、プクンと火がでました。そのときの火なんですが、赤というより青い火でした。農家だったので、土地が広くて延焼の心配はなかったんですが。防空壕の砂糖は2、3日燃えていました。

そのあと、兵隊が使うからと家のあったところから追い出されて、墓のなかに避難したので(沖縄の墓は、なかに人が居住できるほどの広々とした空間がある)、その後どうなったのかはわかりません」

ものすごい体験談だ。

「燃えた砂糖は、冷えたら食べられる?」

「だめだめ、まっ黒くて、炭みたいになってるさ」

「なめたら甘い?」

「うちは砂糖をびんに入れて地面にうめていたから、空襲のときも大丈夫だったよ」

「たるに入った砂糖は本土行きのもので、自家用には糖蜜《とうみつ》（製糖のときにでる、糖分以外の成分も含んだ蜜状のもの）を使っていました。糖蜜はサーターユといいます。そのサーターユに指を突っこんでなめたら、カビさせてしまってね」

こんなふうに、ほかの生徒たちも、この体験談には強く反応していた。

スプーンに砂糖をのせて、コンロの火にかける。砂糖に火がつき、燃え出すが、その火が思った以上に燃え続けることにオドロキの声があがる。

「これなら、なにかのときに灯《あか》りがわりに使えるさぁ」

「いいニオイがするね。サーターヤ（製糖小屋）のニオイだね」

塩は高温でとけ、燃えない。一方、砂糖は燃える。この比較をまとめ、一休憩したあと、砂糖に水を加えて加熱すると茶色く変色し、固まることを利用したベッコウアメづくりに各自、チャレンジしてもらった。

各自、小さなアルミカップに砂糖を入れ、そこに少量の水を加える。このアルミカップをフライパンにのせて加熱する。やがてカップのなかの砂糖は泡立ち始める。さらに加熱して、砂糖が茶色く色づき、ねばり気が出たところで、カップをフライパンからとりだし、なかにようじを差しこんで冷ませば、ベッコウアメのできあがりだ。

砂糖の実験

砂糖はなぜ、燃えたりこげたりするのだろう。このことを明らかにするために、もうひとつ実験をしてみる。

小さなビーカーに上白糖《じょうはくとう》を入れ、そこに硫酸《りゅうさん》を入れるという実験だ（図7－2）。

「硫酸や塩酸《えんさん》というのは、とても強い酸です」

そう説明すると、驚くことに、塩酸や硫酸についても、生活のなかでかかわったことのある生徒がいた。

「終戦直後、コーラのびんを洗う仕事をしていました。コーラのびんの口のところにつく、さびは、酸をつけるといっぺんにキレイになるんですよ。でも、酸をまちがって洋服につけると大変です。スカートに穴があいちゃったりして」

こんな話だ。

では、砂糖に硫酸をかけるとどうなるだろう。

「やっぱり、とけちゃうんじゃないですか？」

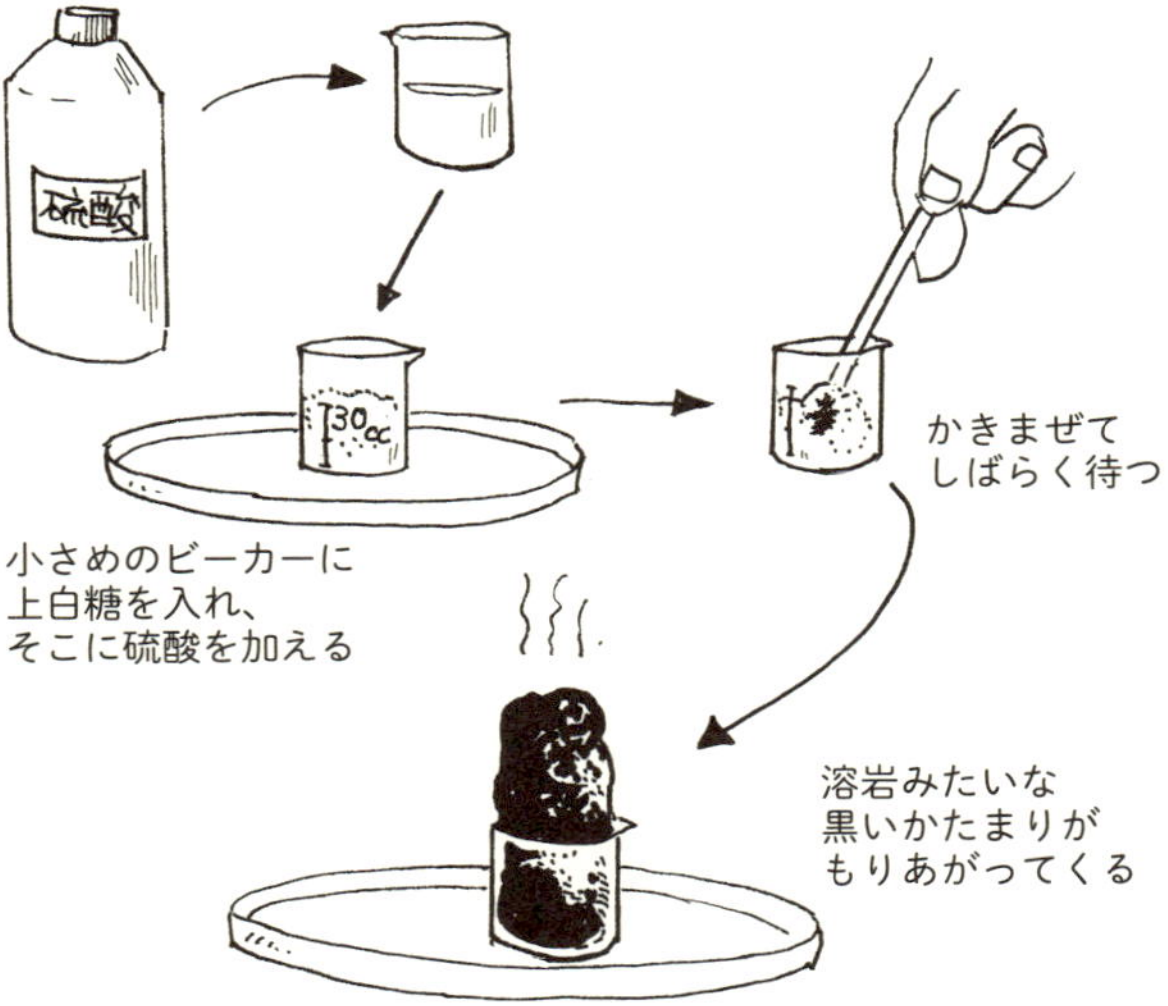

硫酸
30cc
小さめのビーカーに
上白糖を入れ、
そこに硫酸を加える
かきまぜて
しばらく待つ
溶岩みたいな
黒いかたまりが
もりあがってくる

図 7-2　砂糖の実験

「けむりが出そうです」

強いニオイが出る実験なので、ベランダに移動して、実験をしてみる。砂糖に硫酸をかけ、かき混ぜると、たちまち砂糖が黒ずんでいき、しばらく待つと蒸気とともに、むくむくと溶岩のような黒いかたまりがビーカーからもりあがってくる。

生徒たちは、予想外の反応に大喜びをしていた。

教室にもどって、実験の内容を確認した。

砂糖に硫酸をかけると、まっ黒く変色する。これは炭だ。硫酸は水を吸収する力が強い物質だ。つまり砂糖から水が奪われると炭に変化する(このときの反応熱で、水分が蒸発し、蒸気があがる)。逆に言うと、砂糖は炭と水からできていることになる。だから、砂糖は炭水化物《たんすいかぶつ》とよばれる。

「炭水化物のはたらきってなんですか?」

炭水化物は人間のエネルギー源として使われていると説明をする。マラソンのときなどは、エネルギー源としてバナナなど炭水化物が豊富なものを口にするといいという話も紹介した。

「昔はバナナがないから、長距離の選手には、あんもちを持って行きましたよ」

「チョコレートなんかを食べるといいって言うのも同じですか?」

そのとおり。

「あの、筋肉をもりもりさせるために飲むものっていうのは何ですか?」

こんな質問も出たので、炭水化物以外の栄養素の話にも、少しふれる。

「あの、カロリーゼロのコーラって、カロリーがゼロなのに、なぜ甘いんですか?」

なかなかおもしろい質問も飛びだす。食品に関わることは関心が強いようだ。

それにしても、夜間中学の授業でコーラという単語がポンとでてくるのがおもしろいと思ってしまう。夜間中学の生徒たちは60代、70代がほとんどなのに……。

これは、沖縄がアメリカの統治下に長くあった影響だろう。沖縄のおばあたちは案外コーラが好きなのだ。

カロリーゼロのコーラについては、次回扱うことにしましょうと言って、この日の授業を終えることにした。

メモ

塩と砂糖は見た目だけだと区別がつかないほど似ているけれど、加熱をしたときのふるまいは、全然ちがっている。塩を高温で熱するととけて透明な液体になるけれど、これは何度みても、どこか不思議な気がする現象だ。一方、砂糖は熱すると、燃えたり、こげたりする。

家庭科の授業で、「ご飯やパンは炭水化物」といった内容を教わるけれど、砂糖に硫酸を加えるとまっ黒な炭に劇的に変化する実験からは、まさに砂糖が炭と水からできているということが実感をもってわかる。

8 時間目

砂糖の仲間
——カロリーゼロのひみつ

砂糖の仲間

前回、塩と砂糖について学習したことをふり返った。そのうえで、砂糖の仲間——「○○糖《とう》」とよばれるもので、どんなものを知っているかたずねてみた。

「グラニュー糖」

「ブドウ糖」

「粉砂糖というのもありますよね」

こんな答えが返ってくる。

「ダイコンから取れる砂糖があるって聞いたことがあるんですけど」

「それは、サトウキビの砂糖と、どちらが甘いんですか?」

サトウダイコンについての質問が出た。

サトウダイコンというのは、ダイコンの仲間ではなくて、ホウレンソウに近い仲間で、沖縄ではンスナバーとよばれるフダンソウと同じ植物だ。根の部分から糖分を取るために改良された品種であるということと、サトウキビから取れるものは、サトウダイコンから取れるものと同じ、砂糖であることを説明した(サトウダイコンはフダンソウという作物の品種で、ロシア料理でよく使うビートも同じなかま)。

「ンスナバーと同じ？　ンスナバーは最近、市場にでていないねえ」

「ンスナバーは、昔はブタのエサにも使いよったよ」

ここで、ブドウ糖を少しずつ配って、味を見てもらった。

「やっぱり甘いよ」

「でも、砂糖より甘くないね」

「なんだかすーっとする甘さですね」

「これはブドウから取るんですか？」

「ブドウ糖って、点滴に入っていますよね」

この発言を受ける形で、スポーツドリンクの話をした。スポーツドリンクの開発には点滴もヒントになっているという話である。

口から栄養をとれなくなった人が、エネルギー源となるブドウ糖を、点滴によって直接血液に入れることがある。その点滴と、スポーツドリンクは、成分がよく似ている。ただ、スポーツドリンクの場合は、点滴よりも、ずっと糖分の濃度が高くなっている。

この話のあと、各自で、ブドウ糖、塩、ビタミンを適量、はかりで計量してもらい、「スポーツドリンク・もどき」をつくってもらった。

「冷やしたらおいしいかもしれないね」

「これなら家でもつくれるさ」

「これ飲んだら健康にいいかね？」

スポーツドリンクは、水分、ミネラル、エネルギー源としての炭水化物の急速な補給には適しているけれど、一定量の糖分が含まれているので、糖分のとりすぎに注意したほうがいいことを説明する。

「糖尿の人はブドウ糖をとりすぎちゃいけないんですよね」

「糖尿病の人が注射する、インシュリンってなんですか？」

そこで、血糖値とインシュリンのはたらきについても、少し説明をする。

インシュリンは、すい臓から分泌《ぶんぴつ》される血糖値を調整するはたらきをするホルモンだ。インシュリンが分泌されると、体の各所の細胞は、血液中のブドウ糖をエネルギー源として利用したり、たくわえたりして、結果として血液中のブドウ糖量(血糖値)は下がる。

ところが、もし、インシュリンがうまく分泌できなくなったりすると、いつまでも血糖値が高いままの状態が続くことになる。こうした状態が糖尿病で、こうなると、食事をしたあとなどには、体外からインシュリンを注射することで、血糖値を調整する必要があるわけだ。

カロリーゼロのひみつ

ここで、市販のヨーグルトの容器にはいっていた「シュガー」の袋をとりだして見せた(これまた最近、ヨーグルトの容器に「シュガー」の袋は入っていないようになってしまっているが。**図8-1**)。

「うちではそれは使いませんよ。捨てています」

そんな声があがる。

「これも甘いですが、なんという糖分かわかりますか?」

皆、首をかしげている。

この「シュガー」は、一般に使われる砂糖よりもさらさらしていて、甘さもひかえめだ。しかし、じつはこれが純粋の砂糖(ショ糖)である。生徒が「これこそ砂糖」と思っている上白糖《じょうはくとう》は、ショ糖に果糖ブドウ糖液糖(デンプンを工業的に分解して作った果糖とブドウ糖の含まれている液状の糖)を加えたものだ。

「えーっ、あのヨーグルトに入っているものは、てっきり添加物とか入っているかと思って捨てていたんですよ」

「逆に、普段使っている砂糖のほうに、その果糖……とかが入っているんですか？　じゃあ、体に悪いんですか？」

ショ糖、ブドウ糖、果糖のいずれも、天然の物質であり、市販の砂糖(上白糖)自体も体に悪いわけではないことを説明した。問題があるとしたら、その摂取量《せっしゅりょう》だ。

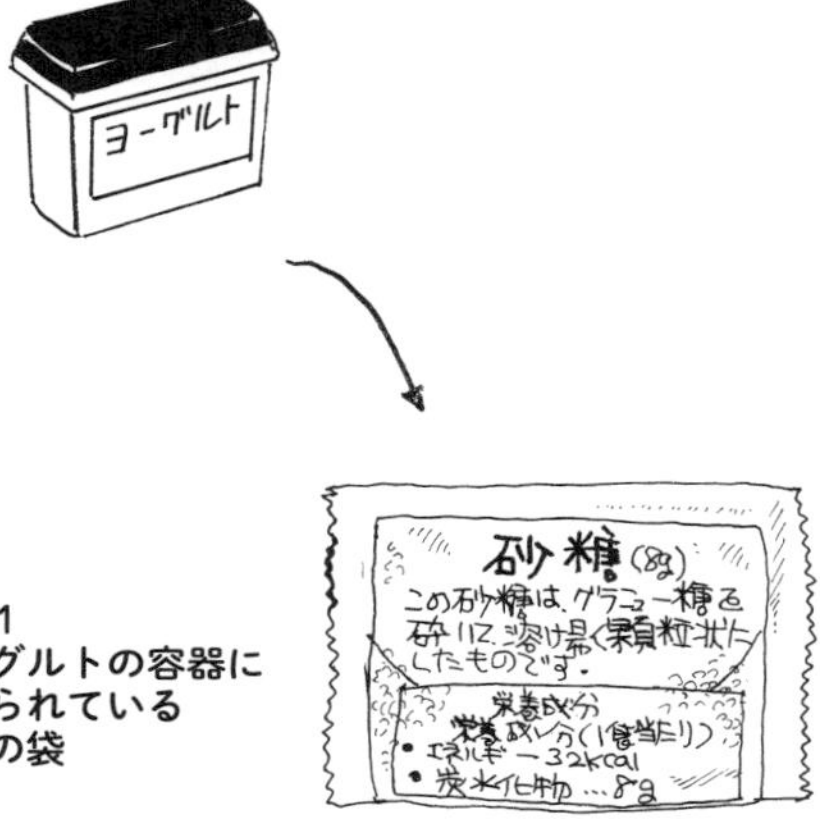

図 8-1
ヨーグルトの容器に入れられている砂糖の袋

ショ糖の甘さを1とすると、ブドウ糖は0・5、果糖は1・5の甘さとなる。糖にも種類があり、種類によって甘さにちがいがあるということだ。

「あのね、センセイ。わたしらは終戦後すぐからコーラ飲んだ。もう水がわりよ。だから今でも飲みます。コーラ飲んだら、骨が弱くなるって本当?」

こんな質問もだされる。

たとえばコーラに鳥の骨をつけこんでしばらくおくと、骨がやわらかくなる。これはコーラの炭酸が骨のリン酸カルシウムをとかしだしたからだ。ただ、生きている人がコーラを飲んでも、直接コーラが骨に作用することはないから、骨が弱くなるということはない。

もっとも、コーラには大量の糖分が含まれている。

そのためコーラを飲むと口のなかに糖分がとどまり、その糖分をもとに虫歯菌が酸をつくりだし、それによって歯がとかされて虫歯になるということはありうる。やはりここでも摂取する糖分の量が問題だというわけだ。

ここまで話したところで、先週話題となった、カロ

わたしら
終戦後
すぐから
コーラが
水がわり。
今でも飲み
ますよ。

リーゼロのコーラ――ダイエットコーラをとりあげることにする。

「ダイエットコーラは、おいしくないよ」

生徒からは、こんな声もあがる。そこで、ダイエットコーラの甘味成分として使われているアスパルテームを使った甘味飲料を味見してもらう。

「ものすごく甘いニオイですね」

「後までずっと甘みが口に残りますね」

人工甘味料にはショ糖の何百倍もの甘さをもつものがある。これを使えばショ糖を使うより、ずっと甘味料の量を少なくできることになる。つまり、そのぶん、カロリーを減らすことができる。ところが、カロリーがゼロということは、甘味があっても、まったくカロリーにはならないということだ。

あれこれ、生徒たちとやりとりをかわし、カロリーがゼロであるということは、結局、人間には分解できない糖分を使用していることに気づいてもらう。分解ができないから、エネルギーにならない(ゼロカロリー)のだ。

「分解しないで、体の外に全部でちゃうんなら、体に悪いことはないんじゃないですか?」

理論上はそういうことになる。ただ、本当に無害なのかは議論があり、その点については、個人で判断して利用するかどうかを決めるものだろうと話をした。

ヘビ毒の作用

授業の最後に、ちょっと生き物と関わった話をしてみる。

「どんなヘビを知っていますか？」

そんな質問をしてみたのだ。

返ってきた答えが、まず「毒蛇《どくへび》」と「白蛇」だったので、教室に笑い声があがる。

ややあって、「コブラ、アカマタ、ハブ、アオダイショウ」と、もう少し具体的なヘビの名前があがった。このうち、ハブは有名な毒蛇で、本土でもその名はよく知られている。

一方でアカマタは、本土ではなじみのない名前のヘビだろう。アカマタは無毒のヘビで、おもに、は虫類をエサにする。そのため、ハブの幼蛇《ようだ》をエサにすることもある……ということから、沖縄では「いいヘビ」といったイメージがある(昔話に、アカマタが男性に変身して若い女性を誘惑《ゆうわく》する……というものもあったりするけれど)。

ともあれ、アカマタは、沖縄ではハブとならんで知名度の高いヘビだ(図8－2)。

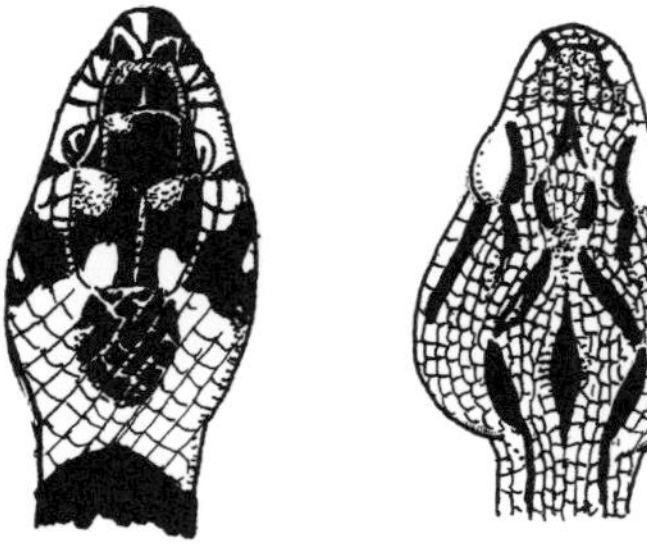

図 8-2　アカマタ(左)とハブ(右)の頭部

「アカマタとアオダイショウは同じヘビですか?」

こんな質問も。

アオダイショウというのは、本土にいる無毒の大型のヘビだけれど、沖縄にはアオダイショウという種類のヘビはいない。ただ、キレイな緑色をしたヘビ(リュウキュウアオヘビ)がいて、このヘビがアオダイショウとよばれたりする。本土のアオダイショウが有名なので、その名をあてられてしまったというわけだろう。

こんなやりとりのあと、僕が野山で拾い集めたヘビのアルコールづけ標本をならべて、どれがハブかをあててもらうことにする。

「これがハブ?」

まず、そう指をさされたのは、ウチナーグチではニーブヤー(ねぼすけ……ハブに比べ、おっとりしているから)とよばれるヒメハブだった。

「これはウミヘビ」

アカマタの標本を指さして、そう断言する生徒もいた。

アルコールづけの標本になると、ヘビの種類もなかなか見分けが難しいということだ。

そもそも、ハブは有名だけれど、沖縄でくらしていても、そうしょっちゅう見かけるわけではない。というか、ほとんど見ない。

ただ、これは「今」の話であって、生徒のなかには「戦争中は、避難していたヤンバル（沖縄島北部）で、ハブをよく見ました」と語ってくれた生徒もいた。

ここでヘビをとりあげたのは、ハブの毒液について説明をしたかったからだ。ハブの毒液は、消化液が進化したものだ。より具体的にいえば、タンパク質をとかす作用がある。そのため、ハブの毒を口から飲んでも大丈夫だけれど（胃袋にはタンパク質を分解する酵素が含まれているが、胃がとけることはないから）、血管に注入されると血管を壊すといった作用を及ぼす。

ハブにかまれた人の話によると、ハブにかまれると、ものすごく痛いらしい（まるでバットでなぐられ続けるようだ……とか）。現在はハブ毒に対する血清《けっせい》もあるが、かつてはハブにかまれて亡くなる人も少なくなかった。

ハブの毒にはタンパク質分解の能力がある。ハブに限らず、肉食のヘビには、皆、タンパク質を分解する能力がある。しかし、ヘビには人間のようにデンプンを分解する力はない。もちろん、草も消化できない。

生き物によって、どんなものを分解（消化）できるかはちがっている。人間はタンパク質だけでなくデンプンも消化できる(カロリーゼロのコーラは、人間の分解できない糖が入っていたわけだ)。

「僕らは普段、食べ物を取り入れて、これを消化液によって分解し、エネルギーをつくっています。また、体をつくるもとにもしています。でも、なかには人間には分解できないものもあります。カロリーゼロのひみつは、消化できない糖分を使っているということだったんですね」

そうまとめて、この日の授業を終えた。

メモ

生きているということは、体のなかで、さまざまな化学変化がおこっているということ。そのもっともわかりやすい例が、食べ物を消化するということだろう。

化学変化は温度によって反応速度が異なる(だから加熱して、反応を促進したりする)。僕たちの体に一定の体温があるのも、化学変化がおこりやすくするためだ。一方、僕

らの体は熱で変性しやすいタンパク質でできているので、化学変化をおこしやすくする
とはいっても、それほど高温にすることはできない。
そのかねあいが、僕らの体温が36度近辺で保たれている理由だ。

9時間目　イモの思い出
——デンプンのいろいろ

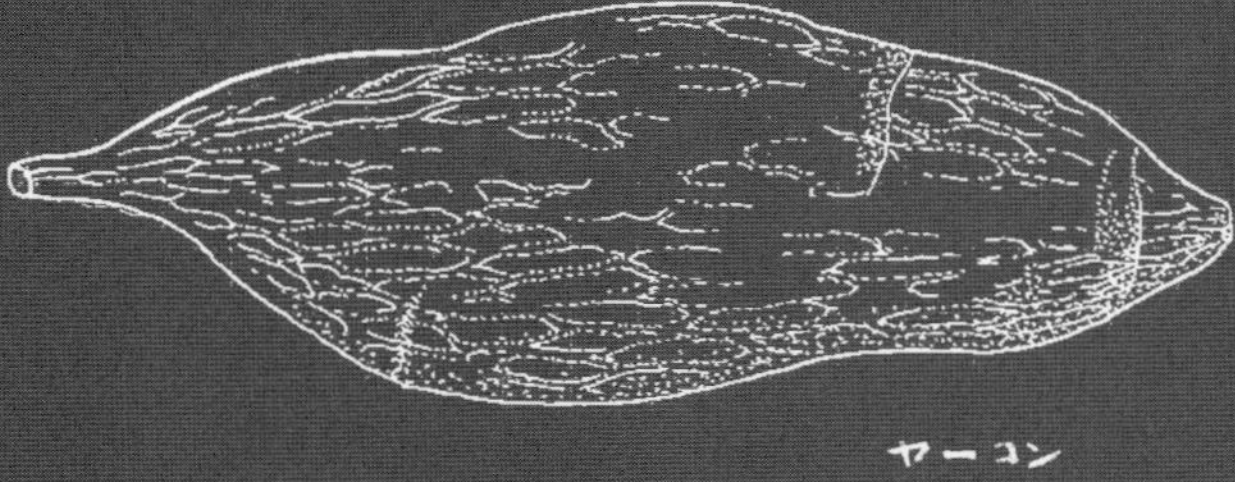

昔の食事はイモばかり

7時間目の授業内容で扱った、食べ物はエネルギー源になるということを、ちょっとしたクイズで再確認。

食べ物を食べると、エネルギー源になる。食べ物を食べるとどれくらいエネルギーが得られるかは、カロリーという単位で表わされる。

たとえば『おきなわカロリーブック』（宇栄原千春著、えいよう相談室刊、二〇〇七年）によれば、沖縄料理の代表的存在の、ソーキそば（沖縄そばの上に、ブタのあばら肉をのせたもの）1杯分のカロリーは523キロカロリー。ゴーヤチャンプルー（ゴーヤ＝ニガウリの炒《いた》めもの）1皿のカロリーは42

7キロカロリー、ラフティー(ブタ肉の角煮《かくに》)1皿のカロリーは385キロカロリーと紹介されている(図9－1)。

では、チョコレート菓子、カロリーメイト、カップヌードル、ポカリスエットをそれぞれ、1箱、または1缶全部口にしたら、どの食品のカロリーが高くて、どの食品が低いか、順番にならべてみようというクイズである。

しばらく考えてもらい、予想を発表。このときは、残念ながら正解者はいなかった。

たとえば、カロリーメイトは1箱400キロカロリーあると、表示されている。

「1箱でそんなにあるんですか？　それだけで1日分のカロリー？」

ここで、カロリーという単位の説明とともに、1日の最低必要カロリー数の話も紹介する。最低必要カロリー数は体の大きさと相関しているので、男性と女性でも値は異なる。け

図9-1　代表的な沖縄料理

れど、平均して1日だいたい1200キロカロリー程度とすると、カロリーメイト1箱は1食分に必要なカロリー数であるということになる。

こんな導入から、日々の食事のことに話をつなげていった。夜間中学の生徒たちの子ども時代——戦前——の日々の食卓は、どんな様子だっただろうか。

夜間中学の開かれている珊瑚舎《さんごしゃ》スコーレには、昼間、フリースクールの中高生が通っている。その中高生の授業をしたときに、「昔の沖縄の人たちの食事、どんな内容だったと思う?」と聞いてみたことがある。

「その答えが、朝ご飯はゴーヤチャンプルー、昼ご飯がソーキそば、晩ご飯はラフティーなんていうんですよ。それで、大学生にも聞いてみたら、朝はバナナと牛乳、昼ご飯はイモ、晩ご飯はご飯と味噌汁《みそしる》なんていっていました」

これを聞いて、夜間中学の生徒たちが笑う。

「朝も昼もイモ(サツマイモ)ですよ。朝はイモとユシドーフ(固める前のおぼろ状の豆腐)でした。うちは豆腐屋だったので、売りにだせない、箱につめられないようなものを家で食べていました」

「あの頃は各家庭でも豆腐をつくっていましたよ」

「豆腐を炊《た》いた鍋《なべ》の底にこげてくっついているのもはがして、チャンプルー（炒めもの）をつくりました」

「イモの葉っぱもよく食べましたよ。ジューシー（雑炊《ぞうすい》）をつくりました。ご飯だけだと1人前の量にしかなりませんが、ジューシーにすると10人前になります。イモの葉っぱとか入れて。こうなると、ご飯粒がどこにあるかわからないほどですけど」

「そうそう。知恵のある人は、最後の方ですくうんです。最初のほうは水っぽいから」

「雑魚《ざこ》でだしをとるけど、雑魚がない家は塩だけで味つけして」

「昔はそれだけイモを食べていたけれど、不思議にキライにならんかったね。今でも食べるよ」

「それは今のイモはおいしいからさ」

「でも、昔はイモの種類がいろいろあったねー」

「イモばかりだったのは、私たちみたいな人でしたよ。お金持ちは毎日、ご飯」

昔は豆腐をつくるときにでる
アーブク(泡)を豆腐のくず
とまぜたアーブク豆腐と
いうのがあったねぇ……

「でも、私たちも、旧の1日と15日(旧暦の、毎月1日と15日)はご飯でしたよ。これはご飯を仏壇《ぶつだん》におそなえする日だから」

食事の話は、際限なく出てくる。

この話を途中で打ち切ってもらい、当時の食事はイモと豆腐や味噌汁《みそしる》が主体であること。これによって、エネルギー源としての炭水化物と、体を構成するためのタンパク質を得ていたことをまとめる。

サツマイモの成分を見てみる。文部科学省の食品成分表データベースによると、「サツマイモ・皮むき・蒸し」100グラムあたりの数値は、カロリーが134キロカロリー、タンパク質が1・2グラム、脂質が0・2グラム、炭水化物が31・9グラム、灰分《かいぶん》(ミネラル)が1・0グラムとなっている。サツマイモはタンパク質や脂質にとぼしく、炭水化物が多い食品だということがわかる。

デンプンのいろいろ

サツマイモに含まれる炭水化物について、実験をしながら、もう少し見ていくことにする。

サツマイモのなかでも、紅《べに》イモとよばれる紫色をした品種のイモをおろし金《がね》ですって、それをガーゼに包み、水をはったボウルのなかでしぼる。しばらくおいておくと、ボウルの底に白いデンプンがたまる。

このデンプンは、ウチナーグチではウムクジ(いもくず)とよばれる。また、サツマイモからデンプンをしぼり出したかすのほうは、ウムカシ(いもかす)とよばれる。

「紅イモからとりだしたデンプンでも、色は白いんですね。スーパーで売られている紅イモ粉は、紫色をしている気がするんですが……?」

そんな質問が出された。

スーパーの紅イモ粉はデンプンではなく、イモ全体を粉にしたものであることを説明した。

市販のサツマイモデンプン(ウムクジ)を、ふかしておいたサツマイモをつぶしたものと混ぜ、小さくにぎって、油であげる。これは、ウムクジテンプラとよばれる、沖縄の郷土料理のひとつだ。もちろん、ウムクジテンプラは、夜間中学の生徒たちにとってはなじみ深いものなので、調理は生徒たちにまかせる(**図9－2**)。

「戦後になって、ウムクジソーメン(サツマイモのデンプンからつくった麺《めん》)というのがあったね。ハルサメみたいで、おいしかったよ」

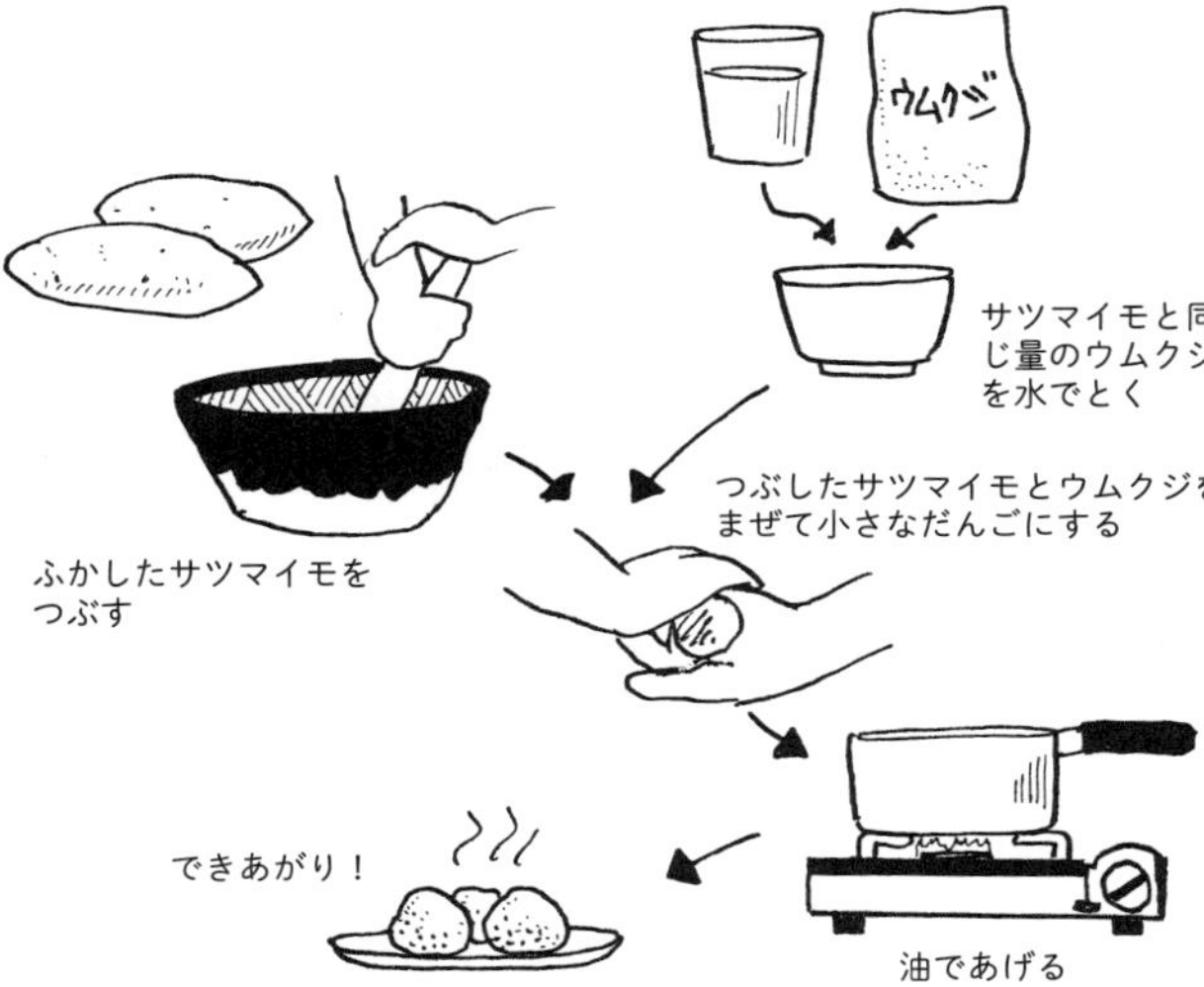

図 9-2　ウムクジテンプラ

「ウムクジテンプラには、昔は塩とニラを入れましたよ」

「塩のかわりに、スクガラス(スクとよばれるアイゴの幼魚の塩辛)を入れることもあったね」

「ウムクジテンプラは冷えるとかたくなりますよ。今はもち粉をちょっと混ぜてつくります。そうすると冷えてもあんまりかたくなりません」

生徒たちとのやりとりで興味深かったのは、デンプンをしぼり出した後のかす(ウムカシ)も食用として利用し、さらには食用以外にも利用したという話が聞けたことだった。

「ウムカシはバーキ(ざる)にのせて干して、冬には火鉢《ひばち》で燃やしたりしました。とってもよかったですよ。火持ちがいいんです。

虫(イモを食べあらす、アリモドキゾウムシという害虫、図9-3)の入ったイモは、イヤなニオイがつきます。こうしたイモからウムクジをつくるときは、水をかえてニオイを取ります。虫の入ったイモのかすはくさいので、燃やし専門です。

昔は家の石垣の上に、どこの家でもウムカシを干していましたよ。虫の入っていないイモのウムカシは非常食にもなります」

「ウムクジも10年とっておいても味は変わらないので、非常食になりますよ」

家庭でよく使用するデンプンに、かたくり粉がある。かたくり粉を水でといて炒めものに入れると、とろみがでる。ウムクジテンプラの場合、こうしたデンプンの性質を利用して、ふかしたサツマイモにウムクジを混ぜることで、もちもちした食感をつくりだすのだ。

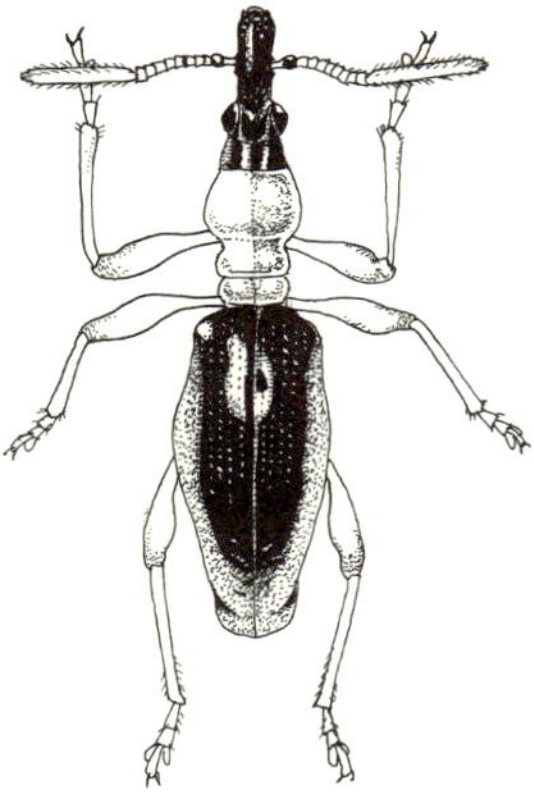

図9-3　アリモドキゾウムシ(体長約10 mm)

ウムクジを使った沖縄の郷土料理にはほかに、ウムクジブットルーとよばれるものがある。『聞き書沖縄の食事』(「日本の食生活全集　沖縄」編集委員会編、農文協刊、一九八八年)という本では、「ウムクジを三

図 9-4
ワラビ

倍の水で溶き、味噌をよくとかしたものを混ぜる。これをラードをしいた鍋に入れ、絶えずかき混ぜながら熱する。ねばりが出てきたら、ノビル（ネギの仲間の野草）をきざんで入れる」とつくり方が紹介されている。このウムクジブットルーは、加熱したデンプンが主体の、半透明のねばねばした、ちょっと不思議な食感の食べ物である。

こんなやりとりをしながら、アチコーコー（できたて、あつあつ）のウムクジテンプラを食べたあと、デンプンについてまとめる。

イモには、デンプンが入っている。デンプンは水にとけないので、ボウルの底に沈澱《ちんでん》する（デンプンは沈澱する粉――澱粉《でんぷん》と漢字で書く）。デンプンを水といっしょに加熱すると、とろとろ、もちもち、ねばねばといった食感の食品をつくることができる。

「ウムクジからつくった食品には、わらびもちもあります。わらびもちは、もともとはワラビの地下茎にたくわえられていたデンプンからつくるもちだったんですけれど、今はワラビのデンプンに性質が似ているサツマイモのデンプンでつくられているんです」

「えっ、わらびもちって、ワラビっていう植物からつくるんですか？」

そんな声があがる。

沖縄にもワラビは生えているけれど、沖縄では山菜としてワラビを利用することがない（図9－4）。そのため、ワラビ自体にあまりなじみがないのだ。ワラビ自体を知らず、わらびもちだけ知っているという人も少なくない。

「かたくり粉というのもデンプンです。かたくり粉も、もともとはカタクリという植物の根っこから取っていたデンプンなのですが、今はジャガイモから取ったデンプンのことをかたくり粉とよんでいます」

「カタクリというのは、沖縄にも生えているんですか？」

カタクリは温帯林の植物なので、沖縄では見られないことをつけ加える（図9－5）。

「リョクトウ——アオマメともいいますが、このマメのデンプンからつくられたのが、ハルサメです」

「えっ、そうなんですか？　ハルサメって、何から

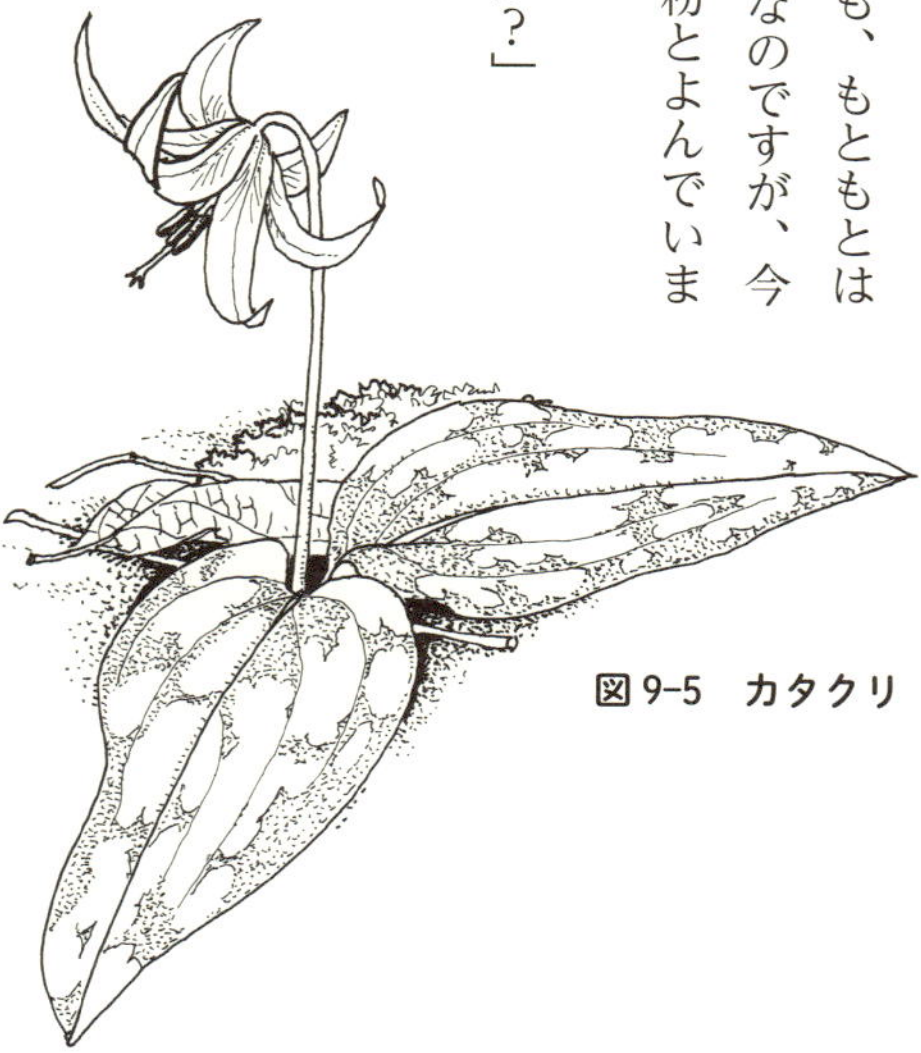

図9-5　カタクリ

つくるんだろうって思っていました」

「米の粉じゃなかったんですね」

「アオマメはもやしもつくりますよね」

「タピオカは何からつくるの？」

この質問には、ほかの生徒から「キーウム（キャッサバ）からつくりますよ」という答えが返されていた。南米原産の作物のキャッサバは、わずかながら、沖縄でもつくられていることがある（図9−6）。

「キーウムからつくったデンプンは上等といって、家では食べなかったですよ。売りものと言ってたから」

ここで、ヤーコンのイモを切って、生のまま、一口ずつ食べてもらう。

図9-6　キャッサバの葉と地下茎

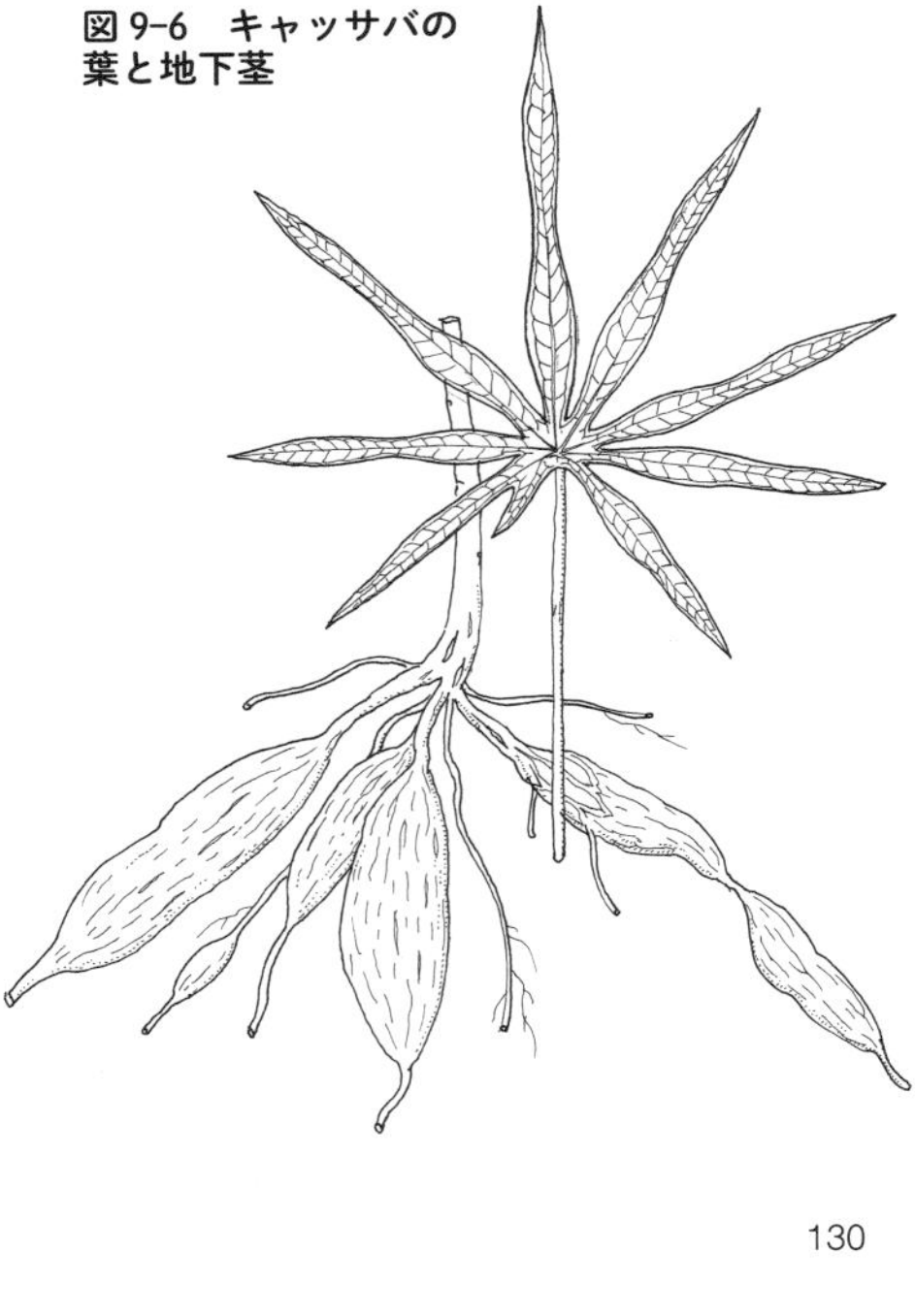

「イモというより、なんだかナシみたいです」

「しゃりしゃりしていますね」

生徒たちは最初、みな、不思議そうな顔をしている。ヤーコンという名を明かすと、何人かは「聞いたことがあります」とうなずいた。キク科のヤーコンは地下にイモをつくる栽培植物だけれど、ジャガイモやサツマイモのように、イモにデンプンをためこまない。かわりにオリゴ糖をためこんでいる。そのため、口にするとナシのような甘さがある。

デンプンの「つくり」の説明をする。

植物はみんな、光合成でブドウ糖をつくる。そのブドウ糖が50～数千個もくっついたものがデンプンである。またオリゴ糖の場合は、ブドウ糖が3～6個くっついたものである。

これをお金にたとえるなら、ブドウ糖を100円玉とすると、オリゴ糖は500円玉、デンプンは1万円札(本当はもっと、それ以上)のようなもので、つまりブドウ糖は気軽に使えるお金だけど、デンプンは金庫にしまってある貯蓄用のお金だと説明をした。

デンプンの分解物

デンプンは、植物が自分の子どもたちが芽を出すときのために貯蔵用としてたくわえた栄養分だ。人間は、それをかすめ取って食料として利用している。

デンプンを加熱したものを口にすると、体内で消化の作用でブドウ糖に分解される。このブドウ糖は血とともに体のすみずみに運ばれ、そこで分解されてエネルギー源として利用される。ブドウ糖が分解されると、最終的には水と二酸化炭素となる。

そのブドウ糖が、最終的に分解される前に、一時的な分解物として、アルコールがつくられることがある。これを利用したのが、酒造りだ。

酒造りを手助けしてくれる微生物には2種類ある。ひとつは、デンプンをブドウ糖まで分解してくれる麹《こうじ》。もうひとつはブドウ糖をアルコールに分解してくれる酵母《こうぼ》。

麹も酵母も、それぞれの分解過程で得たエネルギーを使って生きているのだけれど、人間はこれらの微生物がエネルギーを得たのこりかすである、アルコールを飲んで喜んでいる。

沖縄でよく飲まれる泡盛《あわもり》は、米を原料としている酒だ。

蒸した米は、麹によって糖に分解される。この糖分を酵母がアルコールへと分解する。そのままだと、アルコール度数が低いので、酵母によってつくり出された発酵液《はっこうえき》を蒸留《じょうりゅう》し、30度から45度(与那国島《よなぐにじま》の花酒の場合は60度)のアルコール度数の高い酒にする。

酒を造るのには、必ずしもデンプンが必要なわけではない。糖分を直接酵母によって発酵させても酒はできる。ワインは、ブドウ果汁に含まれる糖分を発酵させてつくった酒だ。

かわった原料から造られる酒もある。その例として、モンゴルの牛乳酒を見せた。

「牛乳からお酒を造るっていうのは、ちょっと不思議な感じがします。でも、牛乳には乳糖という糖分が入っているので、お酒が造れるんです。ただ、牛乳のなかの乳糖の量は少ないので、牛乳酒は度数が低いお酒です。今日持ってきたのは、その牛乳酒を蒸留して、アルコール度数を高くしたものです」

「あの、戦後、メチルアルコールを飲んで死んだ人がいますが、あのメチルっていうのは何ですか?」

アルコールには、エチルアルコールやメチルアルコールなどの種類がある。

泡盛やワインに入っているアルコールはエチルアルコール。エチルアルコールはブドウ糖を分解してできるもので、体内に入ると最終的に二酸化炭素と水に分解される。エチルアルコールも、一定程度以上体内に入ると、急性アルコール中毒といった症状を現わす毒だ。

また、エチルアルコールは二酸化炭素と水に分解される過程で、一度アセトアルデヒドという物質になる。このアセトアルデヒドも毒性があり、二日酔いの原因とされている。

メチルアルコールは少量でも有毒なので、飲用ではなく、燃料用として使われる。このメチルアルコールの場合、体内での分解過程で、アセトアルデヒドではなく猛毒《もうどく》のホルムアルデヒド(ホルマリン)がつくられてしまい、これが命とりになる。

「デンプンにもいろいろあります。デンプンを分解すると糖ができて、その糖を分解することでアルコールをつくることもできます。デンプンも糖もアルコールも、体内ではエネルギー源として使われて、最終的には水と二酸化炭素になって排出されるんです」

そう、今日の授業をまとめた。

メモ

僕らは「デンプン」と聞いても、学校でジャガイモをすってデンプンを取りだしたなあといった思い出がでてくるぐらいだ。あとは、家の冷蔵庫の片隅に、片栗粉が入っているなあとか。ところが、夜間中学の生徒たちは、デンプンについての関心が高い。

昔の沖縄では、サツマイモが主食の座を占めていた。一方、サツマイモは長期間保存することが難しい食品でもある。そこで、サツマイモからデンプンをとりだしてウムクジをつくった。こうすると保存がきくようになる。

スーパーがそこここにあり、いつでも必要な食品を買い入れることができるようになった現代の僕らの「常識」とのちがいを、こんなところにも見てとることができる。

10時間目　デンプンの仲間
——こんにゃくをつくる

ドングリのデンプン

　授業の始めに、僕が拾ってきたドングリを配る。コナラ、マテバシイとオキナワウラジロガシのドングリだ。

「ドングリって沖縄にもありますか？」

　さっそく、そんな質問が飛んでくる。

　ドングリはブナ科の仲間のつける木の実のことだ。日本には、ドングリとよばれる実をつける木が、ナラ・カシの仲間と、マテバシイの仲間、あわせて17種類ある。

　沖縄にも、本土に比べると種類は少ないけれど、マテバシイ、ウバメガシ、ウラジロガシ、オキナワウラジロガシ、アラカシ（アマミアラカシ）の5

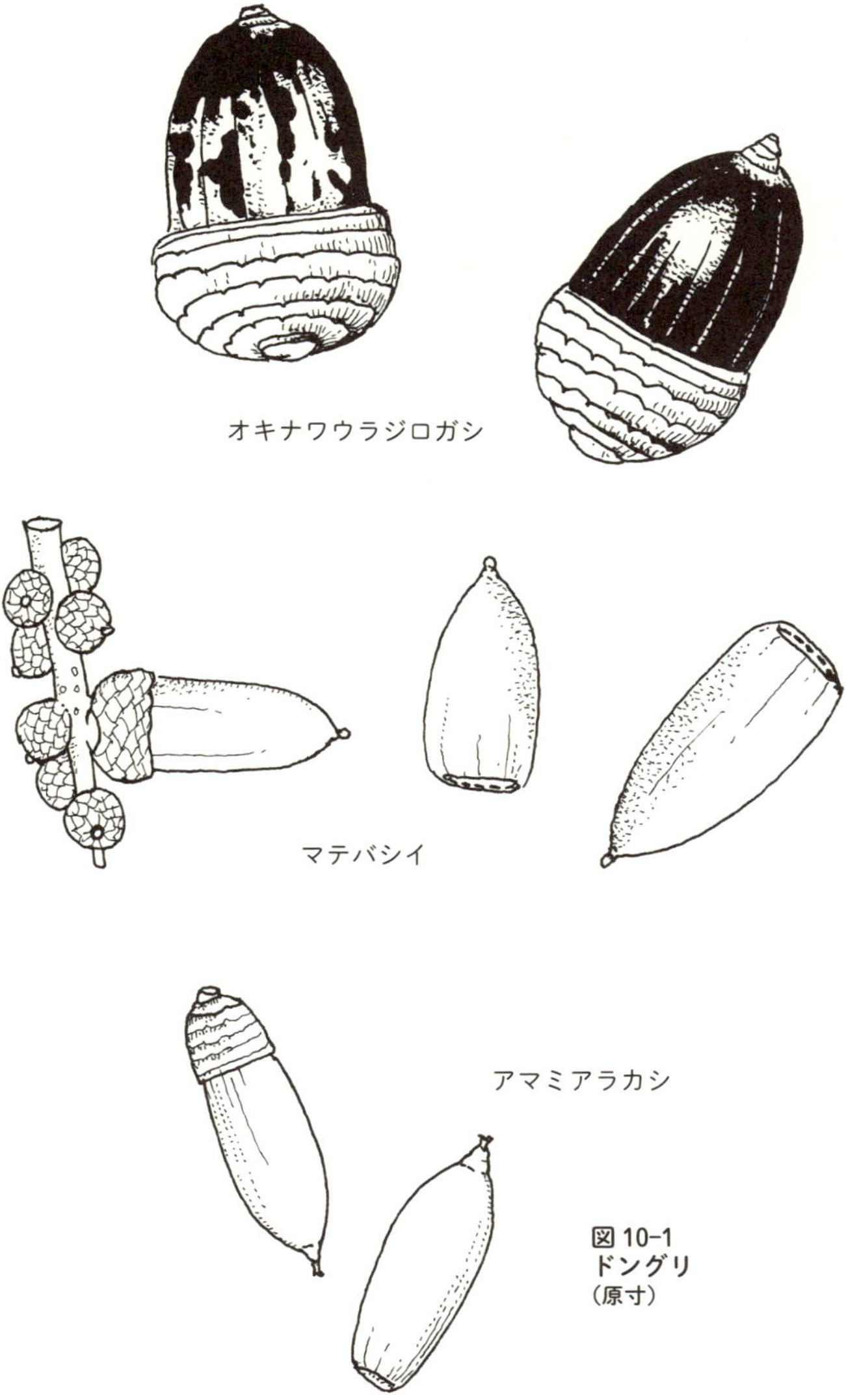
オキナワウラジロガシ
マテバシイ
アマミアラカシ

**図 10-1
ドングリ
（原寸）**

種のドングリをつける木がある（図10－1）。

ただし、沖縄島で人口の集中する中南部では、ほとんどドングリをつける木を見ない。これは古くから農耕地として開発された地域であるうえに、沖縄戦で焦土《しょうど》と化した歴史が加わり、さらに土壌が石灰岩質であることが原因であるようだ。

こうしたことから、沖縄県民には、先ほどの生徒が口にしたように「沖縄にはドングリをつける木はない」と思っている人も少なからずいたりする。

「ドングリって、食べられるんですか？」

こんな声もあがる。そこで、ゆでておいた、マテバシイのドングリを食べてもらった。

「クリに似ていますね」

「イモのニオイがします」

「中国ではドングリは薬にしますよ」

今度は、そんな声が聞こえてくる。

ここで生徒が口にした、クリ、イモと、ドングリの共通点は、いずれもデンプンを含んでいるという点だ。

植物がくらしていくのに必要なものは何でしょうかと聞いた。

「土」「太陽」「水」「酸素《さんそ》？」

こんな答えが返ってくる。

ドングリやイモに含まれているデンプンは、植物がつくりだして、たくわえたもの。前回の授業の復習として、デンプンはブドウ糖《とう》が集まったものであるということを板書した。さらにブドウ糖は、炭素《たんそ》、酸素、水素《すいそ》という3種類の元素《げんそ》からできていることを伝える。

もう一度、先の植物に必要なもの、という問いに対しての答えと照らしあわせてみる。

水は水素と酸素からできている。

ブドウ糖のなかに入っている水素や酸素は、水から得ることができる。

では、炭素は？

植物には口はない。それでも、根を通じて体外から物質をとりこんでいる。根からとりこむことができるのは、水や、水にとけこんだ栄養素だ。

植物がもうひとつ、体外から物質をとりこむところは、葉やくきの表面にある気孔《きこう》とよばれる小さなとりこみ口だ。ここからとりこむことができるのは、気体だ。結局、植物がとりこむことのできるもので、炭素が含まれているものは、気体の二酸化炭素ということになる。

二酸化炭素は炭素と酸素が結びついてできた物質で、植物は二酸化炭素を吸って、ブドウ糖の原料としている……と説明をした。

「植物は二酸化炭素と水からブドウ糖をつくりだせるんです。そのブドウ糖をデンプンという形にしてしまっておくわけですね。

でも、せっかくつくってたくわえておいたデンプンを、動物に食べられてしまうこともあります。そうならないように、植物は工夫をしています。

たとえば、ドングリもそのまま食べることのできる種類は少ないんです。ほとんどのドングリにはしぶみや苦みが含まれていて、簡単にはデンプンに手が出せないようにしています」

その一方で、人間は植物のこうした工夫を打ちやぶる技術を持ち合わせているという話もした。

韓国で販売されている、しぶ抜きしてつくられたドングリ粉(デンプン)を見せ、さらにその粉でつくったわらびもちのような食品(トトリムッ)を試食してもらう。韓国ではポピュラーな食品で、ソウルの市場へ行けば簡単に目にすることができる。授業に持ちこんだのは、韓国産のドングリ粉を手に入れて、自分でトトリムッをつくってみたもの。

つくり方は簡単で、ドングリ粉を水で溶き、弱火でかきまぜながら加熱し、ねばりがでたら型に入れて冷蔵庫で冷やして固めて、これを切り分けて食べるというだけだ。

このままだと無味に近いので、つくるときに砂糖を混ぜるか、できたものをタレにつけて食べる(韓国だとコチジャンにつけて食べる)。

「砂糖入れたらおいしいはず」

「少し、しぶみが残っていますね」

「これ、黒っぽいですけど、これはドングリの色ですか?」

「ドングリは歌とかで聞いたことがあるけれど、食べたのは、今日、初めてだねえ。ステーキを食べるより、健康にいいかもね」

生徒たちはおもしろがって、トトリムッを口にしていた。

マンナンとセルロース

「ドングリのように、デンプンに混ぜものをして食べにくくするという方法以外にも、植物はいろいろな工夫をしています」

たとえばと、ひもをとりだして、ちょうちょ結びと、かた結びをつくってみた。

「ちょうちょ結びだと、結び目をほどくのが簡単ですね。でもかた結びだとそうはいきません。じつは、デンプンは、このちょうちょ結びのようなものなのです。だからすぐにブドウ糖にバラバラにできます」

それに対して、同じブドウ糖でも、バラバラにしにくく結びあわされている場合は、動物が食べても消化ができないことがある。こんな例にこんにゃくがある。

「こんにゃくが、何からつくられているか、知っていますか？」

「イモですよね」

「たしかサトイモのようなイモですよね」

ただし、実物はだれも見たことがないということだった。

こんにゃくは、サトイモ科のコンニャクという植物のイモからつくられる(図10−2)。沖縄ではコンニャクはつくられていない。ためしに本土でコンニャクの生イモをしいれ、大学の裏庭につくった畑に植えてみたら、枯れはしないが成長はあまりよくない。コンニャクが育つには、沖縄島は暑すぎるのかもしれない。

コンニャクのイモにはデンプンに代わり、マンナンとよばれる炭水化物が含まれている。マンナンは、人間には消化ができない炭水化物だ。お菓子のこんにゃくゼリーがダイエットと関連してもてはやされたりするのは、マンナンは消化ができないから、食べてもカロリーになりにくいということからだ。

コンニャクがイモにマンナンをたくわえているのは、デンプンをたくわえるよりも、動物などに食べられる危険性が低いからだったのではないだろうか。そんなコンニャクの貯蔵物からこんにゃくという独特の食品を生みだしたのだから、人間の知恵もなかなかだ。

授業では生のコンニャクイモのかわりに、コンニャクイモからつくられた粉から、こんにゃくをつくってみることにした。

まず、お湯のなかにコンニャクイモの粉を入れてかき混ぜると、のり状になる。その様子にオドロキの声があがる。

「沖縄にもこんにゃく工場がありますが、こうして粉を取りよせてつくっているんですか？」

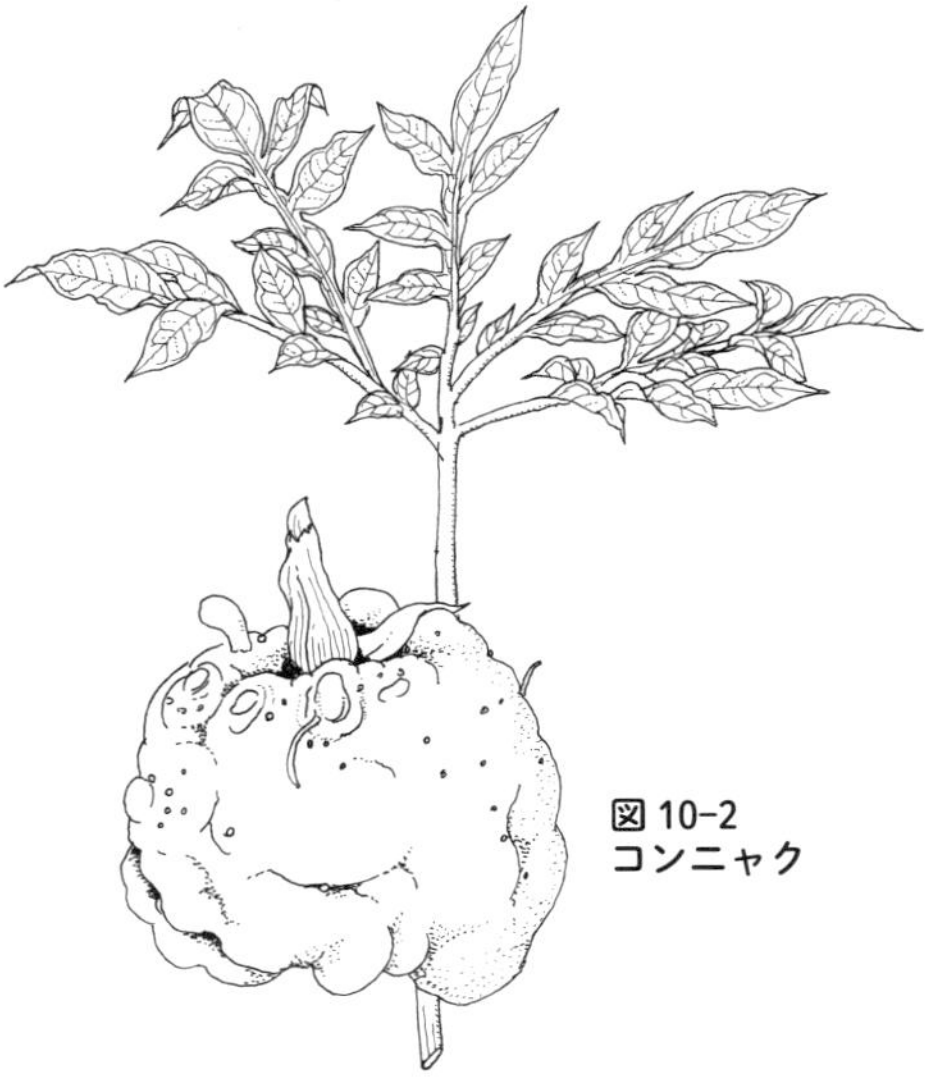

図 10-2
コンニャク

「おそらくそうでしょう」

「こんにゃくの白いのと黒いののちがいは?」

「もともとは、イモの皮ごと全部使ったのが黒いこんにゃくだったのですが、今は、わざと海藻《かいそう》とかをまぜて色をだしているというのを聞いたことがあります」

中国出身の生徒は、こんにゃくは日本に来て初めて知ったという話をしてくれた。

お湯に入れてのり状になったコンニャクイモの粉を、練《ね》ってしばらく寝かせる。その間、もうひとつ、分解されにくい炭水化物があることを考えてもらう。それが、食物繊維《しょくもつせんい》の主成分であるセルロースである。

セルロースとはどんなものだろう。それを実感してもらうために、今度はナタデココを食べてもらう。

「みつ豆に入っているのとはちがいます?」

寒天《かんてん》と混同する生徒もいる。

よく似た外観をしているけれど、ゼリーと寒天、ナタデココは原料も成分も異なっている。ゼリーは動物の膠質《にかわしつ》(コラーゲン)が原料で、タンパク質だ。煮魚や骨つき鶏肉《とりにく》の煮物を冷蔵庫に入れておくと、煮汁《にじる》が固まるけれど、これも同じ原理。

寒天は、テングサなどの海藻のつくり出したアガロースとよばれる炭水化物の仲間。ゼリーよりも食感がかたいのが特徴だ。一方、ナタデココは、ココヤシのジュースを微生物（酢酸菌の仲間）が発酵させることによってつくられる。そして、その成分は、セルロースだ。

「かんでいても、いつまでも口に残っているよ」

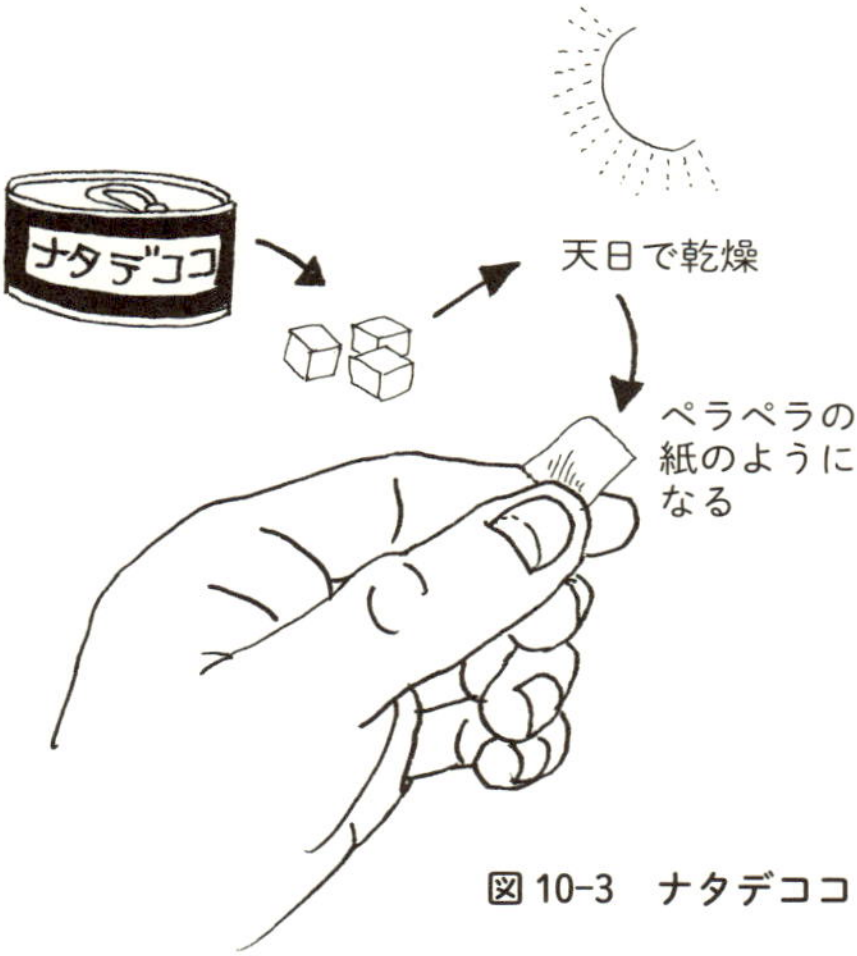

図10–3　ナタデココ

ナタデココを試食した生徒は、寒天とのちがいを、そう口にする。

ここで、洗ったナタデココを日にほして乾燥《かんそう》させたものを見てもらった。ペラペラではあるが、しっかりした半透明の紙状のもので、厚手のトレーシングペーパーのように見える（**図10―3**）。

ナタデココは、紙が水を吸ってふくらんでいるものを口にしているようなものだ。なかなかかみ切れないし、食べても消化できない（人間は、本当に変なものを食べるものだ）。

「紙は何からつくりますか？」

「ワラです」

ここで、また、ちょっと思うことがある。僕は子ども時代にわら半紙とよばれる紙を使っていた思い出がある。しかし、あるとき、僕の大学の学生に、「わら半紙は知らないよね？」と聞いたら、「ワラって何？」と聞き返されてビックリしてしまった。「ワラって、3匹の子ブタが小屋の材料にしたっていうのは知っているけど……」とのこと。

沖縄もかつては各地で田んぼがつくられていた（夜間中学の生徒たちは、その頃のことを知っている）が、1960年代以降、急速に田んぼが減ってしまい、沖縄島の中南部では、ほぼ皆無状態になっている。そのため、学生のなかには、「田んぼを見たことがない」「イネを見たことがない」「ワラを知らない」という者もいるのだ。

夜間中学の生徒たちは、ワラでつくる紙のことを覚えていた。でも、紙はワラ以外の植物からもつくられる。

「本土では、昔からコウゾという植物の繊維《せんい》を使って、和紙をつくっていました。沖縄だと、イトバショウの繊維を紙の原料にすることもありますね」

イトバショウは、実を食べるのではなく、くきから繊維をとるために栽培される、バナナの仲間の植物だ（図10－4）。沖縄ではかつて、このイトバショウからつくられた芭蕉布《ばしょうふ》とよばれる着物が一般的に使われていた。

　イトバショウはバナナの仲間だから、食用で売られているバナナを利用して紙をつくることはできないかと、あるとき思いついてためしてみたら、案外これでもつくることができた。この時の授業でも、スーパーで買ってきたバナナの房をとりだし、紙づくりの話をしてみる。

　バナナの実には、柄《え》がある。これは皮と一緒に、普段は捨ててしまうところだ。この柄の部分をためしに指でさいてみるとわかるのだけれど、けっこう、繊維質だ。この柄の部分の繊維をたくさん集めると紙をつくることがで

図10-4　イトバショウ

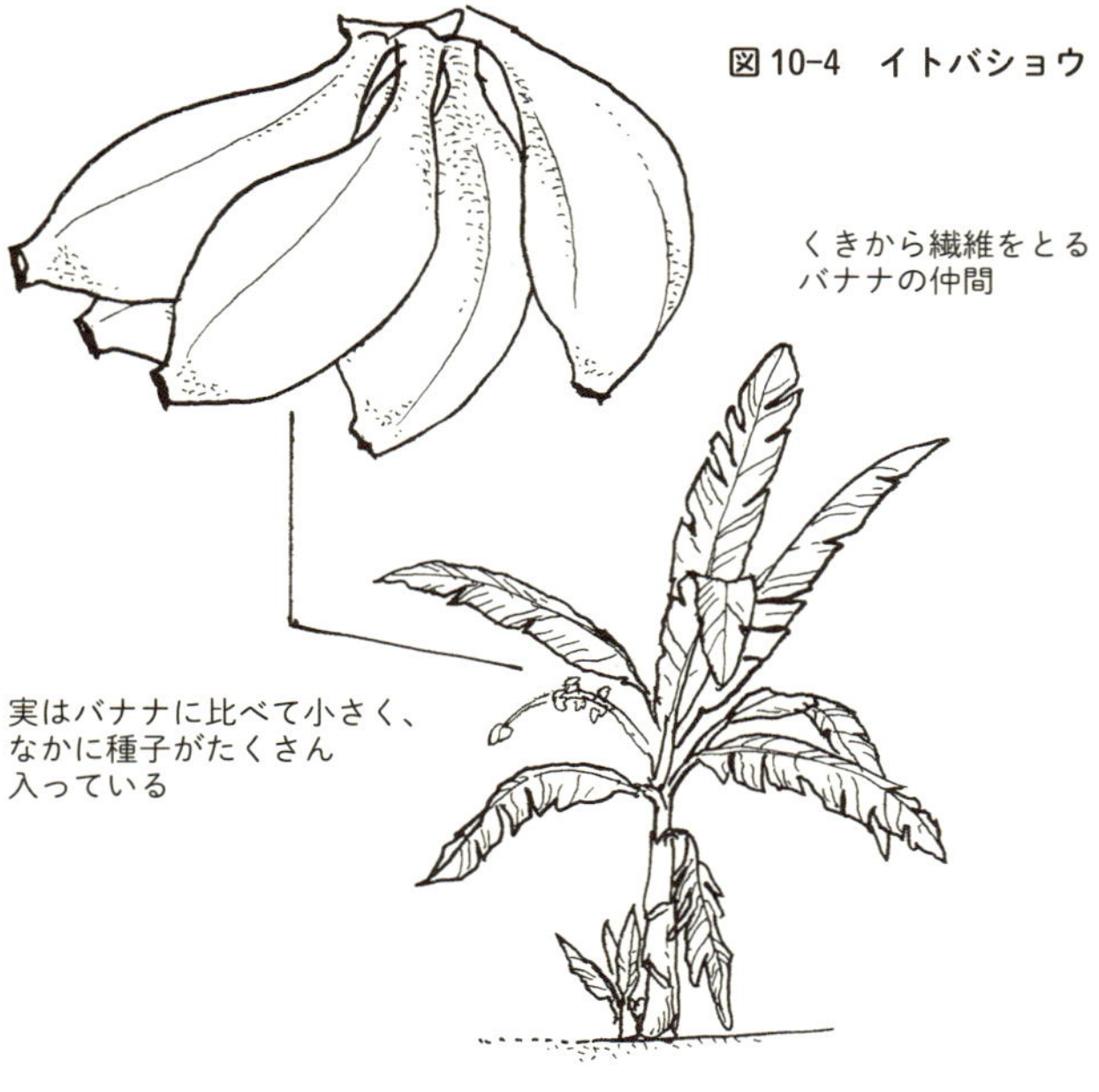
くきから繊維をとる
バナナの仲間
実はバナナに比べて小さく、
なかに種子がたくさん
入っている

きる。

ただ、柄の部分は量が少ないので、繊維は弱いけれど、皮の部分も一緒にして紙をつくったほうが楽である。

つくり方は、柄の部分や皮の部分を手でさいてから、しばらく重曹と一緒に煮る。その後、今度はミキサーにかけて、どろどろにする。この液を、紙をすくための道具を使って、うすくのばして紙にする。

授業では、もう少し手軽につくれるものとして、ヨモギから紙をつくることにした。沖縄ではヨモギをフーチバーとよび、その葉をヤギ汁や沖縄そばに入れて食べる。そのため市場ではヨモギを売っているのを目にする。

このヨモギを買ってきて、はさみで適当に切る。ヨモギの繊維はそれほど丈夫ではないので、補強用としてティッシュをちぎって混ぜてからミキサーで水と一緒にどろどろにして、これを使って紙をすいてみた。

セルロースはデンプンと同じくブドウ糖がいくつもつらなってできたものだけれど(より正確にいえば、セルロースはβ《ベータ》グルコースがつながったもので、デンプンはα《アルファ》グルコースがつながったものというちがいがあるけれど)、分解のしやすさがまったく異なっている。

デンプンは僕らが食べて消化ができる（分解ができる）けれど、セルロースは僕らが分解できないだけでなく、多くの生き物にとって分解のできない強固なつくりをした物質だ。だからこそ、木材（つまりセルロース）でできている奈良の法隆寺《ほうりゅうじ》の建物が何百年とくさらずに保たれているわけだ。

セルロースを分解できるのは、微生物と、シロアリ（そして、一部のゴキブリ）といった、ごく少数の生き物に限られる。ヤギは紙を食べるというけれど、ヤギ自身はセルロースを分解する力はなく、ヤギの消化管内に共生している微生物がセルロースを分解している。

こんにゃくの思い出

ここらで、こんにゃくづくりに再びとりかかる。しばらく寝かせていたものに、石灰を混ぜる。コンニャクイモには、生ではとうてい食べることのできない「あく」が含まれている。そのあく味（シュウ酸など）をなくすために石灰ははたらく。

石灰のはたらきはもう一つあって、こんにゃくの成分のマンナンを変質させて、こんにゃく特有の食感にする。日本こんにゃく協会のホームページによれば、昔は石灰の代わりに灰《あ》汁《く》(灰を水に浸して取った上澄《うわず》みの水)が使われていたそう。灰汁も石灰同様、アルカリだ。

「昔はあちこちに石灰工場があったけれど、今は見ないね」

石灰を混ぜこむ際に、生徒が、こんなことを言う。

沖縄の各地のおじい・おばあに話を聞くと、昔は海から生きたテーブルサンゴを採ってきて、窯《かま》で焼いて石灰をつくったという。そのため、石灰を焼く窯は海の近くに多く見られたそうだ。

「できた石灰にワラを細かくしたものを混ぜて漆喰《しっくい》にして」

別の生徒が、発言した。

沖縄の昔風の家屋は茅《かや》ぶき屋根だったけれど、お金がある家は瓦《かわら》ぶきだった。また、時代が下がるにつれ、茅ぶき屋根から瓦ぶき屋根へふきかえる家も増えた。沖縄は台風が多いこともあって、瓦が飛ばないよう、瓦と瓦の隙間から雨がもれないよう、瓦同士を強固にくっつけるようにして瓦をふいた。

この瓦同士の接着に使われたのが漆喰だ。今はすっかりコンクリートの建物ばかりになってしまったけれど、ひと昔前の沖縄には、赤茶色の瓦と白い漆喰がコントラストをなす瓦屋根の家々が、青空をバックに、緑おいしげる木々のなかに立ちならぶという、美しい風景が広がっていた。ちなみに、この赤瓦は、4時間目の授業の時に紹介した、クチャとマージという沖縄の土を原料としてつくられている瓦(マージには酸化鉄が含まれていて赤く、そのため赤瓦も独特の赤色となっている)だ。

「漆喰を頭にのせて屋根まで運んだよ。お父さんが屋根をふきかえるときに、私らは頭に板をのせて、その上に漆喰を山盛りにして、はしごを登って屋根まで運ぶ係……」

「砂糖をつくるときも石灰を使うし、石灰はいろいろ役に立つね」

昔は、農家何軒かでひとつのサーターヤとよばれる製糖小屋を持ち、そのそれぞれで小規模な製糖作業が行われていた。サトウキビをしぼった汁《しる》を、この小屋で煮詰めて黒糖にするのだけれど、煮詰めた汁に石灰を入れることで、黒砂糖がうまく固まるようになる。このときの加減が難しかったという。

石灰はかつて、こんなふうに人々の生活に密接に関わる「もの」だったのだ。

石灰を混ぜて練りこんだこんにゃく粉は、しばらく置いて、一にぎりの大きさにちぎってから、今度はお湯でゆがく。すると、あくや余分な石灰分も抜けた、固まったこんにゃくとなる。

「だんだん、かたくなってきましたね」

「なんだかこんにゃくが食べたくなってしまったよ。明日はこんにゃくを炊こうかね」

「昔は今みたいに、こんにゃくはひとつひとつ、袋に入っていませんでしたよ。こんにゃくは、石灰水を入れた缶に入れて売っていました。しばらくすると、だんだんこんにゃくの表面がぬるぬるするようになって。それを洗って、また、売っていました」

またひとしきり、生徒たちの談話が続く。

メモ

今回は、植物の貯蔵物質としてのデンプンとその仲間を扱った授業だった。デンプンは人間にとってエネルギー源となるものだけれど、デンプンの仲間には人が食べても消化できないマンナンのようなものもある。

さらには、多くの生き物にとって分解できないセルロースも、ブドウ糖が多数つながってできあがっている構造をしているという点では、デンプンと同じものだ(先に少しふれたけれど、デンプンとセルロースでは、それぞれαグルコースがつながったものと、βグルコースがつながったものというちがいはあるが)。

一方は、僕らの毎日の食事として取りこむものであり、もう一方はたとえば法隆寺の柱のように、数百年以上も風雨に耐えうるほど頑丈なものであるということは、とても不思議だ。

この両者をつくり分ける植物というのは、かなりのマジシャンだと思ってしまう。セルロースも分解すればブドウ糖になるわけなので、廃材を工業的に分解してブドウ糖をつくり、それを発酵させてアルコールにし、つまりバイオエタノールとして燃料に利用できないかという研究も、現在行われている。

11時間目

タンパク質をさぐる
——小麦粉からガム

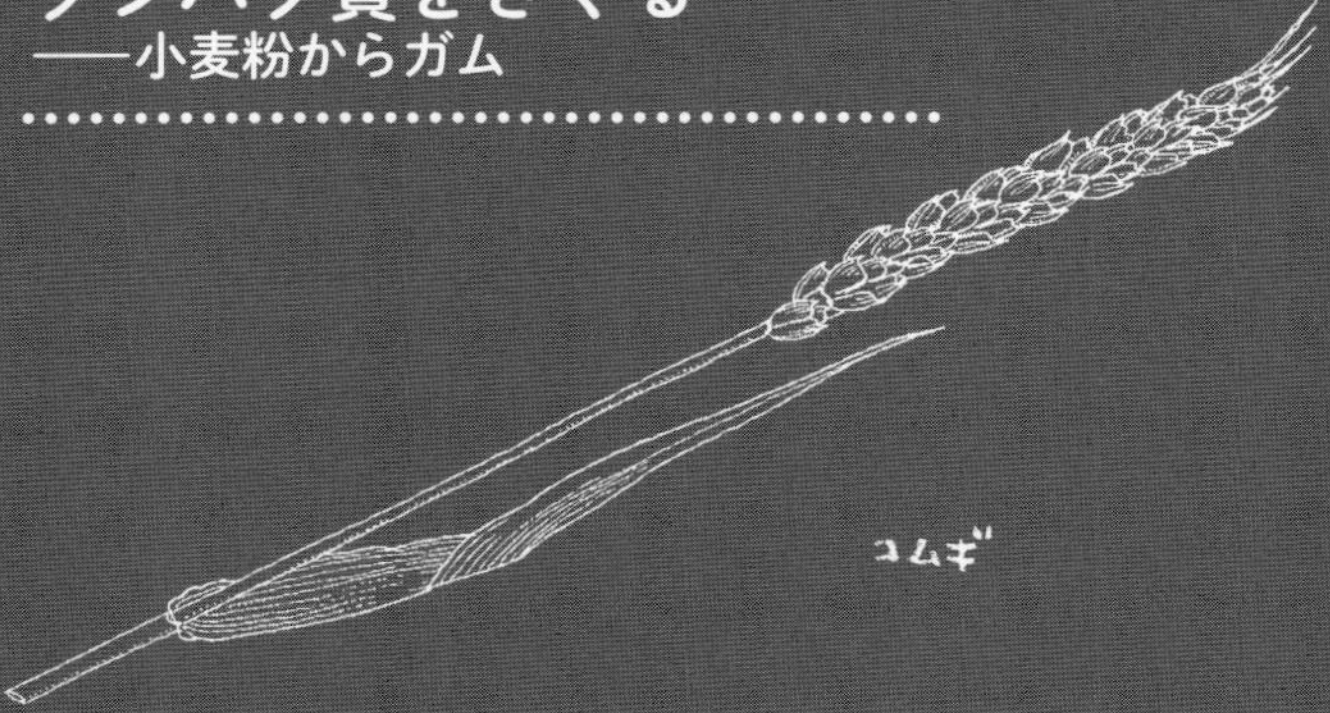

樹液《じゅえき》の味

1本のびんをとりだして見せる。

「お酒?」

「いえ、ジュースです」

取りだしたのは、北海道産のシラカバの樹液100%のジュースだ。どんな味がすると思うか、聞いてみた。

「甘いんじゃないですか?」

そこでコップに入れて配る。

「あまり、味がしないです。甘いと思ったのにがっかりです」

「ちょっと、甘いよ。自然の味かな」

「健康にいいですか?」

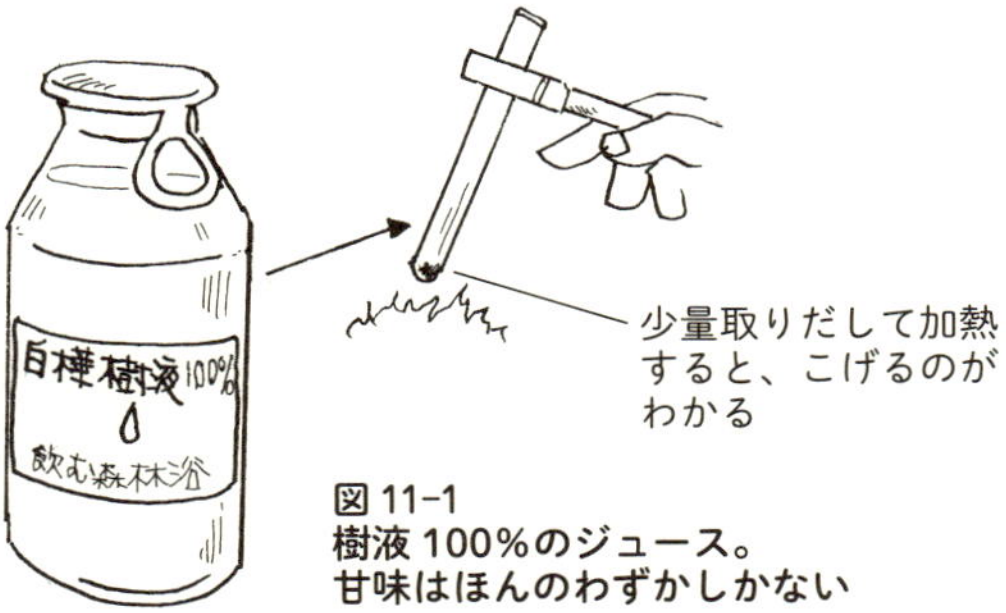
白樺樹液100%
飲む森林浴
少量取りだして加熱すると、こげるのがわかる

図 11-1
樹液 100%のジュース。甘味はほんのわずかしかない

夜間中学の生徒たちは健康に関心が高いのである。

メイプルシロップも同じようなもの?という質問も出た。

「メイプルシロップは何からとるんですか?」

「サトウカエデという木の樹液ですよ」

「砂糖を入れるんですか?」

「いいえ、樹液を煮《に》つめるとシロップができるんですよ」

ここで、シラカバの樹液を試験管に入れて熱してみた。液体がほぼ蒸発するころ、試験管の底が黒くこげ、甘いにおいがただよい始める(図11―1)。

「カラメルみたいですね」

シラカバの樹液にも、ごくうすいが糖分が入っていることをこれでたしかめた。

「樹液をとるといったら、ゴムの木と一緒ですか? あんなふうにしてとるの?」

「あんまりとったら、木が枯《か》れるよね」

こんな声も聞かれる。

前回と前々回の授業でデンプンやセルロースについて扱ったが、植物は光合成で糖分を合成し、その糖分をデンプンや繊維《せんい》の主成分であるセルロースに変換しているというわけである。

小麦粉からガム

植物は、糖、デンプン、セルロースといった炭水化物以外の物質もつくり出しているというのが、この日のテーマである。

小麦粉を５００グラム、大きめの容器に入れ、そこに塩15グラムと水２００ミリリットルを加えて、練る。

「パン？」

「うどん？」

じつは、このレシピは、子どもが遊ぶための小麦粘土《ねんど》をつくるためのものである。むろん、食品になるものしか使っていないから、食べることもできる。

図 11-2　ガジュマル

小麦粉を練《ね》っている途中のやりとりで、生徒のほうから、グルテンという言葉がでてくる。このグルテン――小麦タンパクこそ、この日のテーマだ。

「私らの子どもの頃は、小麦粉の白い粉を洗い流して、なかのグルテンを出して、ガムといって食べよったよ」

「私は青い麦の穂から、麦をとって、そのままかんでガムにしましたよ。かんで、白い粉を捨てていると、ガムみたいなのが口のなかに残るんです。味はありませんけど。麦の穂をくきごと畑でとってきて、くきを腰の周りに巻きつけてね。そうして歩きながら腰のところから麦の粒をつまんで、それを口に入れて……」

「私はガジュマルの汁《しる》をガムにしましたよ。サンネンガーサ(クワズイモ)というイモの葉の裏にガジュマルの汁をぬってかわかして、残った固形物を集めて口に入れてね」

ガジュマルというのは沖縄島の中南部でよく見かける樹木のことだ。枝の途中から気根を地面におろすため、独特な樹形になる(図11―2)。そのガジュマルの枝葉をちぎると、切り口から白い汁がでる。この汁にはゴム成分が含まれているため、水分を飛ばすと粘着性の物質が残るわけ。

「大麦もつくっていました。大麦では、はったい粉をつくりました。炒《い》って臼《うす》でひいて。これは砂糖の保存にも使ったんです。黒砂糖を割って、はったい粉のなかに入れておくと、湿気ないのでカビないんです。黒砂糖もそのままだとカビてしまいます。あと、大麦粉だけで、ターチーメーといって、雑炊《ぞうすい》をつくります。これは台風なんかのときの非常食です。台風の日は、畑に行ってイモをほってきたりできませんから」

グルテンをきっかけにしても、豊富な生活体験が語られる。

グルテンとは、何か。これはタンパク質である。植物にもタンパク質が含まれる。ただし、植物によって、タンパク質の含まれる量は異なっている。小麦の粒のなかには、豊富なタンパク質が含まれている。また同じように、小麦からつくられた小麦粉でも、グルテンの含まれる量の多い強力粉《きょうりきこ》から、少ない薄力粉《はくりきこ》までいろいろある。

グルテンはタンパク質だから、それだけを集めてつくった、グルテンミートとよばれる肉製品を思わせる製品もつくられている（グルテンミートはこのとき手に入らなかったので、かわりに同じようにタンパク質を多く含んでいるダイズのタンパク質からつくった、「肉もどき」の缶詰を試食してもらった）。

先の生徒の発言に、「大麦をつくっていました」という話がでてきたが、大麦は小麦のようにタンパク質を豊富に含んでいない。小麦でパンを焼くことができるのは、パン生地にはグルテンが多く含まれているために、発酵《はっこう》で生じた二酸化炭素をねばりけで閉じこめることができるからだ。そのため、ふわふわの食感のパンになる。

一方、大麦ではパン生地はつくれない。そのため、生徒の発言にあったように、粉にしたものをそのまま食べたり、粒をひきわりにしたりして、それでおかゆや雑炊をつくって食べる（沖縄では端午《たんご》の節句に、アマガシといって、大麦の粒とマメを甘くゆでたおしるこのようなお菓子を食べる風習がある）。

ヨーロッパの人々は、パンをよく食べるわけだけれど、たとえば小麦を栽培するのに寒すぎる地方では、小麦でパンをつくることはできなかった。また、小麦にはタンパク質が豊富に含まれているが、そのぶん、栽培するときは豊かな土壌を必要とした。

そこで、寒冷地や、やせた土地では、小麦をうまく栽培することができず、その代わりに過酷な環境下でも栽培可能なライ麦を育て、その粒を粉にしてパンをつくった。これがドイツやロシアではよく食卓にあがる黒パンだ。

黒パンというと、なによりまず色の黒いパンを想像するが、普通のパンとちがっているのは色だけではない。ライ麦も小麦のようには豊富なタンパク質が含まれているわけではないから、小麦で焼いたパンのようにふわふわではないのだ。

それを、実際に食べて味わってもらう。

「これでもパンですか？」

「なんだかすっぱいニオイがします」

「あんまり、おなかいっぱいになるまで、食べられなさそうです」

生徒たちからは、こんな感想が聞こえてくる。

パンだけでなく、小麦粉ではさまざまな料理がつくれる。天ぷらもしかり、お菓子もしかり。これらも、みんな小麦粉がグルテンを含んでいるおかげだ。

「戦後すぐは油もなかったからね。あげ物をするときには、モービルを使ったよ」

また、思わぬところで、ディープな生活体験談が飛び出すことになった。

沖縄には、伝統的にあげ物料理が多い。昔は冷蔵庫がなかったので、あげ物は食物の保存にも役立った(たとえば豆腐のままだとそれほど持たないが、あげ豆腐にするとしばらく持つとか)。行事のおりには、天ぷらやあげ菓子がつきものだ。

ところが、戦後すぐは、こうしたあげ物にする油が不足していた。そこで使われたのが、モービルだという。モービルというのは、食用ではなく、機械用のオイルのことだ。

最初に、モービルであげ物をつくったという話を聞いたときは耳をうたがった。そんなものを食べて大丈夫なの?と。

「モービルでカタハランブーという小麦粉をあげたお菓子をつくったよ。台風が来るでしょう。そうすると昔は茅《かや》ぶき屋根だから、風で屋根が飛ぶ。その後、お隣、近所で屋根をふき直すんだけど、そういうときにみんなが食べるおやつをつくるんですよ。オイルでね」

「そのオイルはどうしたんですか?」

「アメリカ軍の基地からぬすんでから」

「戦果といっていました。だれかが戦果をあげたら配りよったです。あんたたち、まだあるねーと言って。基地のなかに、ドラム缶の集積場があちこちあって。夜、ぬすみに入るんです。モービル専用の水入れみたいなのがあって、それに入れて持ち帰ります。モービルでも質のいいものは、天ぷら油であげたようにキレイにあがりますよ。質の悪いものだと、泡がたちます。

そのころは食料も足りないでしょう。配給もありましたが、それだけでは足りませんから。アメリカ軍の捨てたゴミから、ジャガイモの厚くむいた皮とか、にんじんとかを探して。そのころの外人はぜいたくだったから。それを拾って、そのままだと食べられませんから、モービルであげるんです。たまにソーセージの切れはしとかあると大喜び。何かないかと探しているところに、頭から残飯かけられたりね」

なんと答えていいかわからず、絶句してしまう。

小麦粉のグルテンだけをとりだし、加工したものが、味噌汁《みそしる》などに入れる麩《ふ》だ。ためしに、小麦粘土からデンプンをもみ出し、グルテンだけを取りだした生麩《なまふ》を、うすく焼いて食べてみる。

化学肥料の発明

では、タンパク質とはどんなものかを、もう少し見てみよう。

かまぼこは、魚の肉――つまり、タンパク質からできている。このかまぼこをさいの目に切り、フラスコに入れ、そこにうすめた塩酸《えんさん》を注ぐ。このフラスコをコンロで熱する。フラスコの口からは塩酸の蒸気が出てくるので、コンロとフラスコを固定したスタンドは窓のそばに設置し、フラスコからの蒸気は窓の外に出て行くようにしておく。

やがて、白いサイコロ状だったかまぼこはとけ始め、それと同時になかの塩酸が黒っぽくなっていく。かまぼこを形づくっていたタンパク質が塩酸によって分解されたのだ。時間がたつと、かまぼこはすっかりとけて、フラスコには黒い液体が残る(図11−3)。

こうしてタンパク質を分解してつくった液体に、しょうゆがある。しょうゆはダイズを発《はっ》酵《こう》させてつくるのだけれど、東南アジアでは、魚肉を発酵させて、魚醤《ぎょしょう》とよばれるしょうゆをつくる。かまぼこと塩酸の実験は、インスタントの魚醤づくりであったわけだ。

「これって、料理に使えますか?」

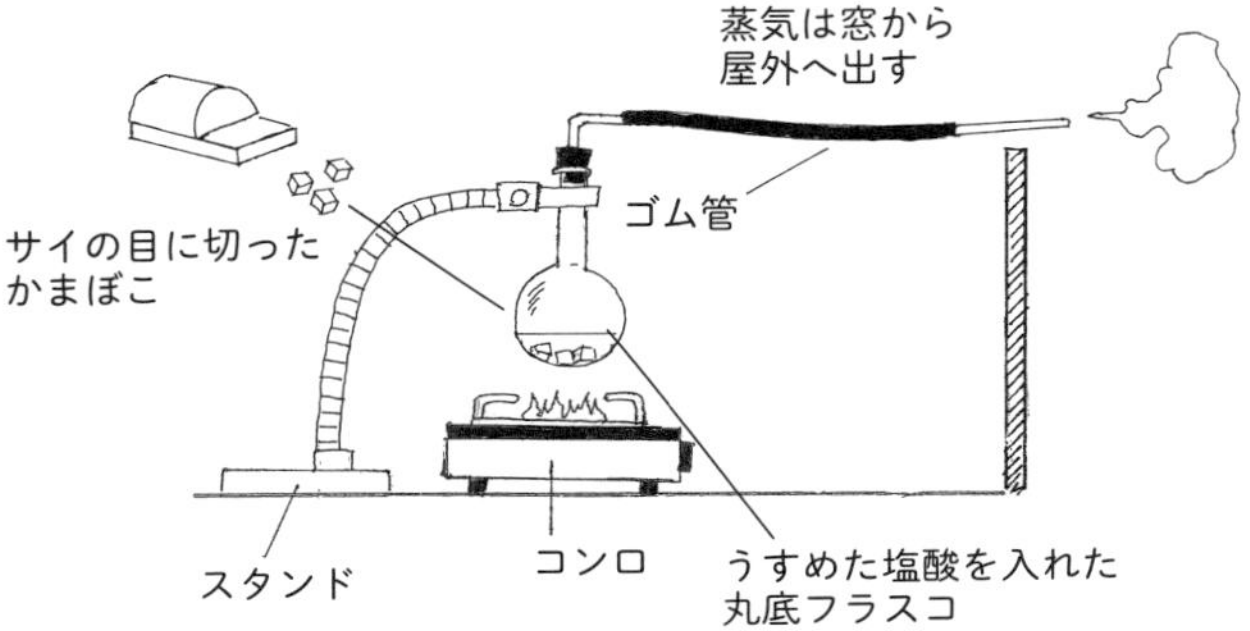

図11-3　かまぼこから、しょうゆをつくる

「このままだと、まだ塩酸が残っていますから、塩酸の性質をなくしてしまう必要があります。でも、戦時中に、しょうゆをこうして化学合成したことが実際にあるそうです」

タンパク質を分解すると、アミノ酸とよばれるものになるという説明をした。タンパク質を分解したアミノ酸にはうまみがあるので、ダイズでつくった豆腐より、ダイズを発酵・分解した味噌《みそ》やしょうゆにはうまみがある。

これまでの授業で扱った炭水化物は、炭素、水素、酸素という3種類の元素《げんそ》がくっついてできた物質だった。タンパク質を構成しているアミノ酸は、この3種類の元素にもうひとつ、別の元素が加わる。

「作物を育てるときには肥料が必要ですよね。昔はどんなものを肥料にしましたか?」

「牛などのフンです」

「人のものも使いましたよ」

そうした動物のフンに入っている成分には、窒素《ちっそ》とよばれる元素が含まれているということを紹介した。肥料というのは、この窒素分を土壌におぎなうものだ（ほかに、植物の必要とするリンやカリウムも肥料には含まれる）。

窒素は体積の比で空気の約8割を占める気体だ。ただ、この空気中の豊富な窒素を、直接植物は利用できない（気体の窒素はなかなか、ほかの物質と反応をしないので、気体の窒素を取りこんでも利用できない）。

空気中の窒素を利用できるのは、窒素固定細菌《ちっそこていさいきん》とよばれる微生物だ。豊富なタンパク質をマメに含むダイズは、根に根粒菌《こんりゅうきん》とよばれる窒素固定をする微生物を共生させている。そのため肥料もあまりいらず、タンパク質豊富なマメをつくることができる。

ダイズに限らず、マメ科には根粒菌との共生が広く見られるので、田や畑の肥料用にマメ科の植物を育て、それを耕作地にすきこんで肥料とする農法もみられる（最近は少なくなってしまったけれど、田んぼにレンゲが植えられるのもこのためだ）。

かつては植物だけでなく、家畜のフンや人の排せつ物も肥料としてすきこんだりしていたのだけれど、やがて化学肥料がそれにとってかわった。

その化学肥料の歴史を、少し紹介する。

空気中の窒素は、そのままでは植物は利用できない。肥料には、植物がタンパク質をつくり出すときに必要な窒素が含まれているけれど、それは硝酸《しょうさん》(HNO_3)という水にとける形の物質として存在している。動物のフンも土壌のなかで、微生物の力でアンモニア(NH_3)になったり、さらに硝酸となったりしてから、植物に吸収されている。

空気中の窒素から直接肥料がつくれないかという試みは、19世紀末のヨーロッパにおける人口増からの食糧危機への不安から始まったという。

1898年のイギリスにおける講演会で、科学者のクルックスが「近い将来、小麦は不足するだろうから、これを回避《かいひ》するためには、適当な窒素肥料を使い、小麦の生産量を上げる必要がある。そのためには空気中の窒素の利用が不可欠だ」といった内容の講演をおこなったと本には紹介されている(『肥料の来た道 帰る道』高橋英一著、研成社刊、一九九一年)。

その後、ヨーロッパ各国で、空気中の窒素の利用の研究が進むことになった。最終的には1910年代になって、ドイツのハーバーとボッシュが工業的に空中窒素からアンモニアを合成することに成功し、化学肥料の大量供給を可能にする道を開いた。

ところで、空気中の窒素からアンモニアを合成し、そのアンモニアを硝酸にすることで化学肥料はつくられるのだけれど、この硝酸は、肥料とはまったく別のあるものを人工合成することも可能にした。それが火薬だ。ＴＮＴとよばれる高性能の火薬も、石炭を原料としてつくられるトルエンと硝酸を反応させてつくられたもの（トリニトロトルエンとは炭素と水素、酸素、窒素の化合物）だ。

火薬は「爆発的に燃える薬」だ。ものが燃えるためには酸素が必要で、普通の状態ではおとなしく燃えるスチールウールも、純酸素のなかでは激しく燃える。火薬には、このため、「燃えるもの」と、「酸素を供給するもの（酸化剤）」がまぜられている。

たとえば、理科の実験書で線香花火のつくり方を見てみると、必要な材料として、木炭、硫黄《いおう》、硝酸カリウム（KNO_3）という薬品名がのっている。このうち、硝酸カリウムが酸化剤である。

酸化剤があれば、普段、火薬とは無縁に思えるものも、火薬のように激しく燃えることがあるというのを、最後に実験で見てみる。

ステンレスの小皿に、砂糖を入れる。さらにそこに酸化剤として、過《か》塩素《えんそ》酸《さん》カリウム（$KClO_4$）を入れて混ぜる。点火剤としては、硫酸《りゅうさん》を使う。７時間目の授業で、砂糖のなかに硫酸を入れると、蒸気をあげてまっ黒なかたまりがもりあがるという実験をした。硫酸が砂糖の水分をうばいとったという反応だけれども、この反応は熱をともなう。その熱を点火に利用するのだ。

先の小皿にピペットで硫酸を数滴落とすと、しばらくして、けむりがあがり、やがて、ゴーッという音をたてて青白く強い炎をあげて砂糖が燃えだす。砂糖のなかには、こんな炎をあげるほどのエネルギーがかくされているのだとビックリする実験だ。

この実験は硫酸や過塩素酸カリウムなど個人で手に入れるのは難しい薬品を使うので、もしためしてみたい場合は、学校の理科の先生と相談してほしい。また、この実験は高温の炎が出るので可燃物のない野外で、安全面に十分に注意しておこなう必要がある。

メモ

日本語では、「小麦」「大麦」「ライ麦」のように、すべて何々麦という名前となっているので、それぞれのちがいをよく知らない人も多いのではないかと思う(僕自身、長い間、小麦と大麦がどんなふうにちがうのかを知らなかった)。

一方、英語では、小麦はホィート(wheat)だし、大麦はバーレイ(barley)、ライ麦はライ(rye)と、それぞれすべて、別個の名前のある存在として扱われている。

授業内で紹介したように、タンパク質が多く含まれている小麦からはパンをつくることができるけれど、大麦ではパンはつくれない(代わりにビールの原料となる)。

タンパク質をたくさん含む小麦をつくるには、窒素分を含む肥料がそれなりに必要で、その肥料の歴史をみていくと、今度は火薬との関わりも見えてきて……と、化学は、歴史との関わりも切りはなせない。

12時間目　牛乳の不思議
——コロイド

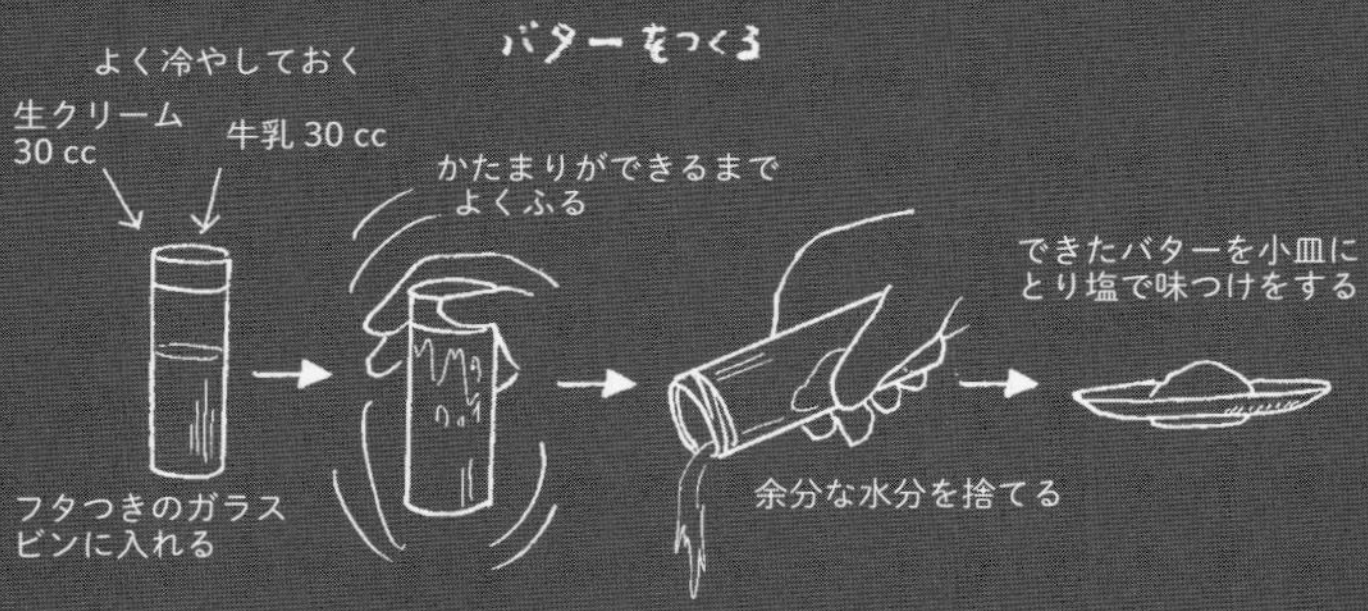

「とけている」と「混ざっている」

「これ、この前、センセイが持ってきたドングリとちがいますか?」

授業を始めようとしたら、ある生徒が、こんな発言。彼女は四国に行く用事があり、そこで、アラカシとウバメガシのドングリを見つけて喜んで拾って帰ってきたものの、食べようとしたら、苦くて食べることができませんでした……というのである。

前に授業で食べたのはマテバシイという種類のドングリで、アラカシやウバメガシとは種類がちがうということと、苦いドングリも苦みを抜けば食べることができるという話をした。

偶然ではあるのだけれど、この日の授業と結びつくやりとり。さっそく生徒からドングリをゆずりうけ、授業に持ってきていた小型のミキサーでドングリを粉にして、ビーカーのなかに水と一緒に入れた。すると、ドングリの粉はビーカーの底に沈み、なかの水は、ほんのりと茶色くにごる。

「ソテツの実のことを思い出しますね」

そんな声が聞こえてきた。

沖縄では、かつて、農村のあちこちにソテツが植えられていた。琉球王国《りゅうきゅうおうこく》時代、ソテツは救荒《きゅうこう》食料源として植栽することが奨励《しょうれい》されたのだ。地域や島によっては、救荒食というより、もう少し日常的に利用されてもいた。

ソテツは裸子《らし》植物なので、本当は実とよばれるものを持たない。ソテツの実とよばれるのは、正しくはソテツの種子だ。ただ、その種子が大きく、またその種子は赤い種皮におおわれていて、一見、実のように見えることから、よく「ソテツの実」と表現される(図12－1)。

この種子の中身にはたくさんのデンプンが含まれていて食用となる。またソテツは幹のなかにもデンプンをたくわえていて、これも食用となる。

ただし、植物はたくわえたデンプンを食べられないように工夫している場合があった。ソテツの場合も、種子や幹には毒が含まれていて、そのままデンプンを食べることはできない。ソテツにはサイカシンとよばれる毒が含まれているが、これは分解すると猛毒《もうどく》のホルムアルデヒドになる。

幹の毒を抜くのは大変やっかいで、カビによる発酵《はっこう》作用をへないと食用とならないが、種子のほうはもう少し手軽で、種子のかたい皮を取りのぞき、中身を流水などでさらすことに

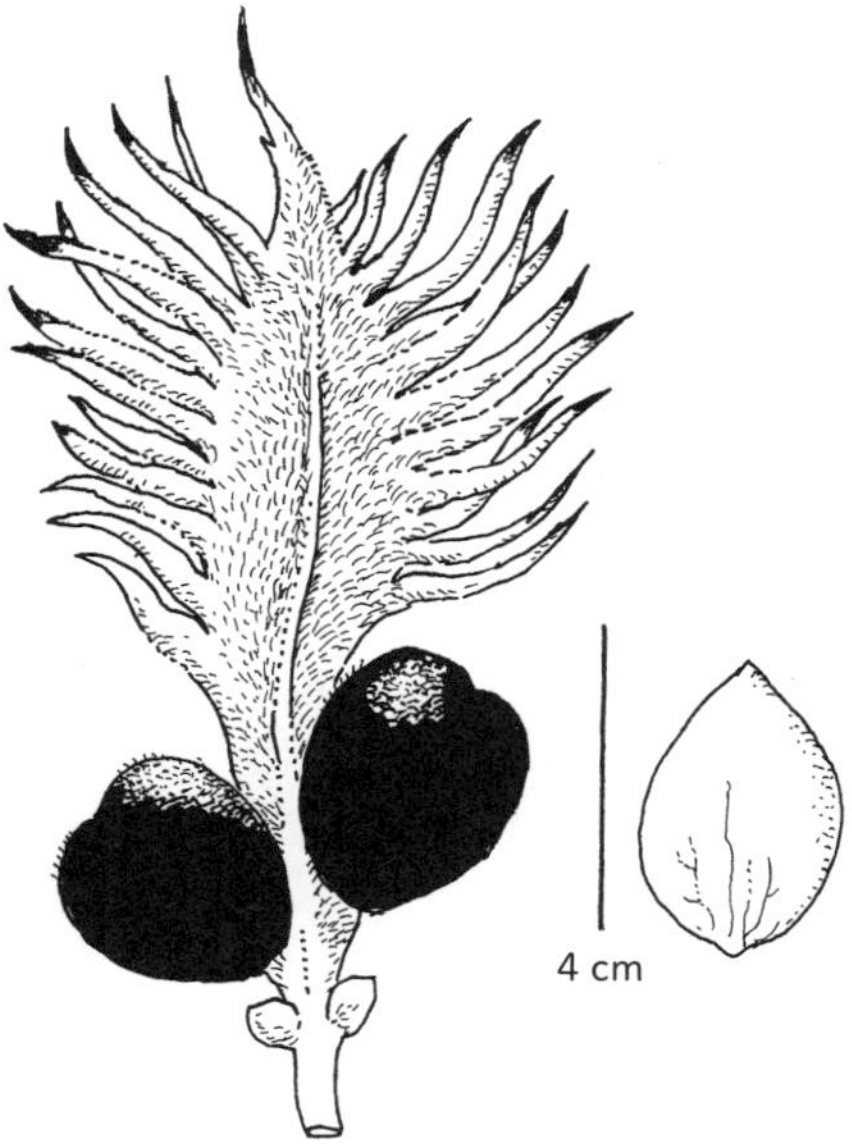

図 12-1　ソテツの“実”

左が，大胞子葉〔だいほうしよう〕についた種子。裸子植物のソテツは，オスとメスで株が異なる（これを，雌雄異株〔しゆういしゅ〕という）。メスの株の大胞子葉と呼ばれるところに，種子がつく。右の線画は，外側の赤い種皮を取り除いた状態の種子。この殻を割り，中身を毒抜きして，食用にする。

よって、毒を抜くことができる。

ドングリを水につけている様から、生徒はソテツの毒抜きを思い出したということだ。

「あたしが子どもだった頃、おばあちゃんが、ソテツのあくをぬくのを見ていたことがありますよ」

「実を干してから、げんのう（大型のかなづち）でかたい殻《から》を割って、中身を水につけて……」

こんな生活体験談が語られた。

「ちょうど、今日しようと思っていた授業の内容と重なります」

そう言って、今度はかたくり粉をビーカーに入れて水を注いだ。粉の多くはビーカーの底に沈む。また、ビーカーのなかの水はほんのり、白っぽくにごる。

「ドングリの粉を入れたものと、色がちがいますね」

「そうです。ドングリの方は、水が茶色っぽくにごっていますね。この茶色い色が、苦みの成分なんです」

ドングリの苦みの成分はタンニンという水溶性の物質だ。

あたしが子どものころ、
おばあちゃんがソテツの
あくをぬいていました……

そのため、ドングリを粉状にして、水につけておき、しばらくしてから上ずみを捨て、新しい水を注ぐ、ということをくり返すことで、ソテツのあく抜き同様、ドングリの苦みをとりのぞくことができる。

ドングリに含まれるタンニンの量は、種類によってもちがうけれど、僕の体験だと、だいたい数日から1週間でほぼ、苦みをとりのぞけた。

続けて、砂糖を水でとかしてみた。

「これまでのものと、またちがいますね。今度は透明です。さっきのかたくり粉の場合はどうでしたか?」

「にごっています」

「沈澱《ちんでん》があります」

「そうです。かたくり粉のほうは、ちゃんと水にとけていないで、一時的に水に混ざっているだけなんです」

液体にあるものを混ぜたときに、透明になる場合、本当にとけたといい、なにかがとけた液体を溶液という。

液体にあるものを混ぜたときに、にごった状態になっている場合は、本当にはとけていない。「この場合は、さらに状態が2つの場合に分けられます」

そう言って、牛乳を取りだした。

にごった液体がいつまでもそのままで、沈澱がおこらない場合(たとえば、牛乳など)。

もうひとつは、しばらくすると沈澱してしまう場合(これはたとえば、先ほどの水にかたくり粉を入れたときなど)。

これらのちがいは、液体に混ざった物質の粒の大きさのちがいによるということを簡単に説明した(専門的すぎるので、夜間中学の授業の時は具体的な数値は紹介しなかったが、「とけている」という状態は、液体のなかで、とかしたものが原子・分子サイズにまでばらけていることで、これは10^{-8}センチほどの大きさになっている状態。一方とけてはいないものの、いつまでもにごった液体の状態になっている場合は液体に混ざっているものが、10^{-7}~10^{-5}センチの大きさになっている状態)。

牛乳からチーズをつくる

いつまでもにごったままの状態の液体である牛乳で、実験をしてみる。

まず、牛乳をあたため、そこにレモン汁を入れる。これをガーゼでこしてみると、ガーゼの上に固形物が残る。簡単なチーズをつくったのだ。

「牛乳を飲んですぐに、シークヮーサーを食べると、胃のなかで豆腐になっちゃうよと言われたことがあったのを思い出しました」

「ヤギのお乳を、昔、こんなふうにしましたよ」

「豆腐みたいですね。このレモンが、にがりのかわり?」

ガーゼでこしとったチーズを、少しだけ水洗いしてから食べてみる。

「おいしいですね」

「牛乳には何が入っていますか?」

「脂肪」

「カルシウム」

「タンパク質」

脂肪は油の仲間だ。

「本当は水と油は混じり合いません」

水と油を同じコップに入れると、上に油、下に水ときっちり分離してしまう。ところが、牛乳はそんなふうに水と油が、分離しないで混ざっている。

牛乳の化学的な構造を説明している本によると、脂肪の小さな粒のまわりをタンパク質がおおい、そのタンパク質は水と親和性があるために外側に水分子がくっつくことで安定し、たがいの脂肪の粒同士がくっつき合わず、牛乳の水分のなかをただよっているのだという。レモン汁のような酸は、この粒子同士がくっつき合わずにいたバランスをくずしてしまう。

大学生たちに、チーズはどうやってつくると思うかと聞いてみると、「発酵させる」という答えが返ってくることが多い。

が、チーズづくりには、牛乳のタンパク質をまとめてかたまりにするということがまず必要で、その後に味わいを出すために、さまざまな発酵を利用するということがおこなわれる。牛乳をレモン汁で固めるカッテージチーズは、発酵をさせる以前のチーズだ。

牛乳に粒状に混ざっている脂肪分のほうに着目し、これをかたまりとしてとりだすと、今度はバターができる。小さなフタつきのガラスびんに、よく冷やした牛乳と生クリーム、それぞれ30ミリリットルずつを入れ、このびんを10分ほどふっていると、やがてなかにかたまりができるのがわかる。これがバターだ。

バターの場合は固めるための物質を加えているわけではなく、物理的な力で、牛乳のなかに散らばっている脂肪の粒をくっつけ合ってかたまりにする。授業では、つくったバターに小型ミキサーですったピーナッツを加えてピーナッツバターをつくり、試食をしてもらった。

「おいしい、おいしい！」

やっぱり何かを食べる実験は好評である。

牛乳のように完全にとけているわけでなく、にごった状態で混ざっているものをコロイドという。ピーナッツバターも、固体のピーナッツの小さな粒が、脂肪のなかに混じり合ったコロイド状態だ。

また、空気中にただようチリも、気体のなかに小さな固体が混ざっているコロイドといえるし、線香のけむりも、一種のコロイドだ。そうしてみると雲も、気体のなかに小さな水滴や氷滴が浮かんでいるコロイドであるということができる。

「雲って不思議ですよね。山に登って雲のなかに入ったときなんか全然何にも実体がないみたいなのに、飛行機にのって見ていると、固形物みたいに見えるし」

生徒からは、こんな声も聞こえてきた。

メモ

ものを水にとかして透明になったら完全にとけているということ。にごっていたら混ざっているということ。

それでいうと、牛乳は水のなかに脂肪やタンパク質が、小さな粒となって混ざった状態になっている。これをコロイドというけれど、こうしたコロイドは、気をつけてみると、あちこちで目にする。けむりやインクもコロイドの例だし、雲のすき間から太陽の光が帯になって見えるのも、空気中の細かなチリのために光が散乱されて見えるというチンダル現象とよばれるコロイド特有の現象だ。

自然界には「混ざっている」という状態のものは、普通にあるというわけ。僕らの体自体、細胞の中身はタンパク質のコロイドだ。

13時間目　油は油と混ざる
――油の仲間調べ

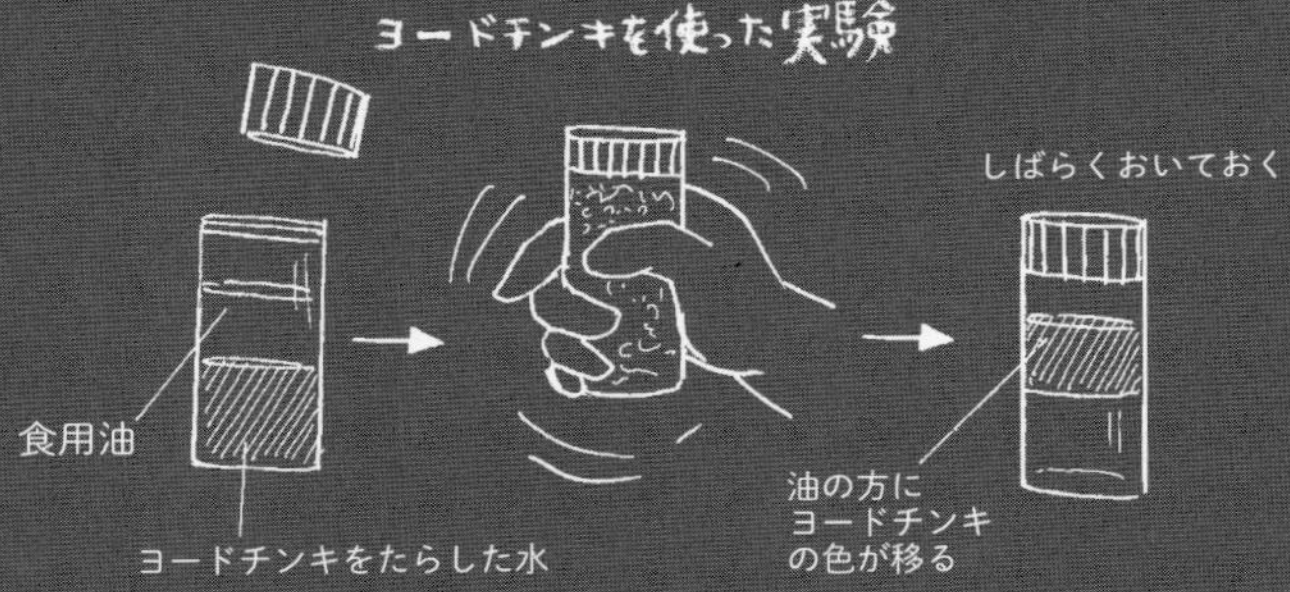

油クイズ

「油ってどんな種類がありますか？」

この質問から授業を始めた。

「植物油、動物脂」

「ヒマワリ油、ダイズ油」

いろいろな油の名前が出される。

「髪の毛につけるツバキ油っていうのがあるよ」

「私は今でもつけてますよ」

「ツバキ油は食べられるんですか？」

「昔はカンプー（長い髪の毛を、沖縄風に結《ゆ》い上げたもの）を結ったから、髪に油をよくつけたね」

「結うためにはびんづけ油をつけるんですよ。あとで洗うのが大変でした」

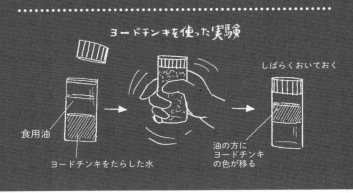

「油は手がひびわれたときとかにも使えますね」

さっそく生徒同士で、盛んにこんなやりとりが始まった。

小びんに入れた油のサンプルを回し、ニオイと色から何の油かを考えてもらった。

「かいだことがあるニオイだねー」

「これは、あれだね」

わいわい言いながら、油のニオイをたしかめている。一回りしたところで、予想を聞いた。

①……豚脂《ラード》
②……オリーブオイル
③……石油
④……？？

こんな予想が出た。

まず、④の油の正体から。これはじつはサラダ油。

「えっ？」

「もっと色がついていませんでしたっけ？」

「普段はプラスチックの容器に入っているから、ガラスびんに入っているとわからんねぇ」

サラダ油はニオイが少なく、色もうすめであることを確認する。
②のオリーブオイルは正解。
①の「豚脂」と予想されたものは、ちょっとどろっとしていて、酸化したような独特のニオイもある。
「戦後、ブタの脂身《あぶらみ》を買ってきて、鍋《なべ》で炒《い》って脂にして、びんに入れて使っていたけれど、古くなるとこんなニオイがしたさ」

「脂をとったあとの脂身は、アンダカシーというけど、あれはおいしいよ」

「沖縄料理は豚脂で炒《いた》めるからおいしいさ」

「でも、残したものは、脂が固まって大変よ」

「ラーメンの汁を一度、冷蔵庫に入れたら、すごい脂が固まって、もうスケートができそうなほど。あれからラーメンは食べんよ」

「昔、熱があるとき、ブタの脂を背中にぬって、マッサージしてもらうと熱が冷めたけど、なんでですかね」

豚脂にはみな、いろいろな思い出がある。①を動物性の脂とみてとったのは、さすがである。これは、生活のなかでブタの脂と接した経験が豊富だからだろう。

ただし、①の正体は、西表島《いりおもてじま》の知りあいのおばあからもらった、ウミガメの脂だ。やけどの特効薬であるというふれこみで、少量わけてもらったもの。

「ウミガメの脂なんて、わからんよ」

「でも、戦後、ウミガメの肉を売っていたのは、見たことがありますよ」

「馬油《ばーゆ》にも似ていますね」

「戦争のとき、鉄砲で受けた傷につける薬がなくて、アンダーマースといって、脂と塩を混ぜたものを薬代わりにぬりましたよ。これしかありませんでしたからね。あと、カンダバー（サツマイモの葉）でもなんでも、植物の葉をもんで、それを包帯代わりにして……」

脂の話は尽きることがなさそうだった。

ここまでのやりとりを整理する。

あぶらには、油と脂がある。常温で液体なのが油、固体

ウミガメの脂なんて
わからんよ
ヤケドの薬といって
もらったモノです

なのが脂。植物性の油脂には油が多く、動物性の油脂には脂が多い。「牛とかヤギとか食べると、食べながら口のはじに脂がかたまってきますね」なんていう生徒もいる。

たとえば牛乳からつくられるバターは脂の代表だ。そのバターがかつて欠乏した際、バターの代用品として生み出されたのが、マーガリンだ。

マーガリンは動植物性の油脂を加工してつくられるが、そのなかに、植物性の油(常温で液体の油脂)に水素を結びつけることで、常温でも固まるように変化させたものがある。近年、この人工的に水素を結びつけたトランス脂肪酸は健康に悪いという指摘がある。

石油の仲間

残っているのは③のびん。このびんの中身は、生徒の言うように石油だ。ただし、石油にも種類がある。

「ガソリンとか?」

「軽油とか?」

石油の種類には、ガソリン、灯油、軽油、重油などがあるということを板書する。ここで、

③の小びんの中身をビーカーにあけ、その中に火をつけた紙を落としてみる。生徒たちは、爆発するのでは……という心配顔をしていたが、火はあっさりと消えてしまう。

小びんの中身は、石油のなかの、灯油である。灯油の引火性はガソリンなどに比べずっと低いのだ。

「だから灯油は買い置きができるんですね。ガソリンの値段が上がったときに、買い置きしようと思ったけど、できんかったさ」

「最近、セルフのスタンドがあるでしょう。2人以上一緒に立ったら、だめと書いてあるさ。何でかと思ったら、静電気でもガソリンは爆発したりするからだってね」

「ベトナム戦争のとき、故障したジープとかが沖縄に送られてきたんです。それで、修理するときは、なかに残っているガソリンを抜くんですよ。

知りあいがね、ホースでガソリンをぬいていて、そこにタバコを吸った人が来て、ガソリンに引火して、全身大やけどをして亡《な》くなったんですよ」

ガソリンに比べて引火性の低い灯油の場合は、本土で使われている石油ストーブのように芯に石油を吸い上げてから、マッチなどで点火する必要があると説明をした。

「そうそう、昔、そんなコンロがありましたよ。芯《しん》に石油を吸わせて燃やすやつです。ランプを大きくしたようなものですよ」

「昔はランプも使っていましたから。ランプを使っていた頃は、ランプからでるすすで、みんな鼻の下を黒くしていました」

こんな話が語られる。

ここで、透明なびんのなかに、たまたま手元にあったトウモロコシの粒を入れたものを使って、引火性の高いガソリンと低い灯油の説明をしてみた。

トウモロコシの粒の入ったびんを激しく動かすと、びんの外へトウモロコシが飛び出していく。灯油とガソリンでは、この粒の動きやすさがちがっているという説明である。

粒がつまっている状態では、なかなか火がつかない。ところが、粒がバラバラになっていると、火がつきやすい。ガソリンは、粒の動きが激しく、びんの外へ粒が飛び出していっているので、そのぶん、火がつきやすい……。

化学的にいえば、石油とガソリンではそれぞれの分子運動の激しさがちがっていて、ガソリンのほうが、分子がより身軽に動き回って飛び出しやすい(気化しやすい)ということだ。

「では、一番、火がつきやすい石油って何でしょう」

「ガス」

「そのとおりです」

ガスは気体だから、液体の石油とは別物に思えてしまうし、石油と同じく油の仲間とも思いにくいが、ガソリンは気化しやすい――ガスになりやすい――ということから考えれば、もっと気化しやすくて、最初から気体になっている石油がガスなのだ。

石油の化学的な構造についても簡単にふれてみた。

石油の成分は炭素と水素である。そのため、炭化水素ともいう。一番、単純なつくりの石油(炭化水素)は、炭素原子1つに対し、水素原子4つがくっついたもので、化学式ならCH_4と書き表せる。

夜間中学の生徒たちにとって、化学式はとっつきにくいものであるから、もう少し視覚的なものに置きかえてみることにする。考えた末に生徒たちに見せたモデルはお菓子を使ったものだ。

炭素原子は沖縄風ドーナッツのアンダギーを利用。

水素原子はアンダギーよりも小さなマシュマロを利用。

アンダギーをまん中にして、アンダギーに4本のようじを刺し、そのようじの先端にそれぞれマシュマロを刺して、CH_4のモデルのできあがり(**図13－1**)。

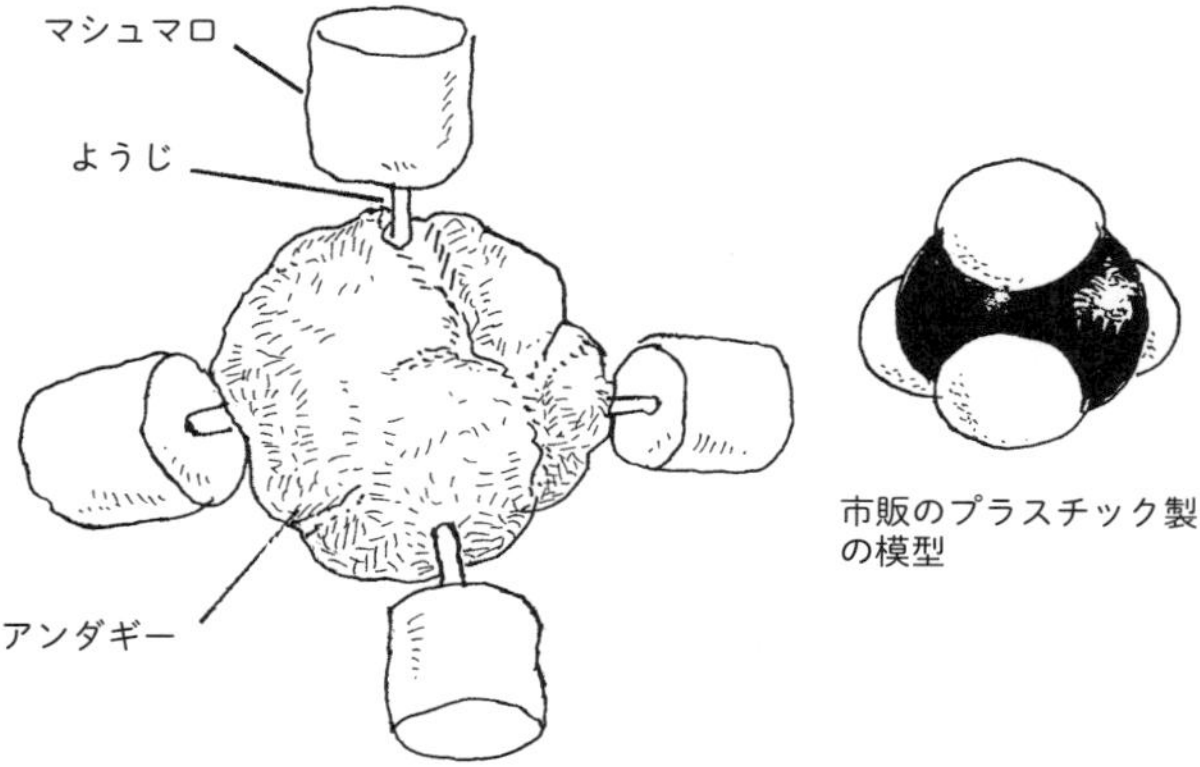

図 13-1　メタン CH_4 分子模型

この炭素1つに対して水素4つという構造が、もっとも簡単なつくりをした石油の仲間のメタンだ。このメタンは、都市ガスに使われている。

メタンをかたどったアンダギー－マシュマロモデルを、2つつくってみる。そして、それぞれのようじのうち、1つからマシュマロをはずし、かわりにたがいのアンダギーをようじで連結する。これが、2番目に簡単なつくりをした石油の仲間のエタンで、炭素2つ、水素6つからできている(C_2H_6)。

以下、炭素が1つずつ増えていくとともに、プロパン、ブタン、ペンタン、ヘキサン、ヘプタン、オクタン……という種類になっていくと説明をする。携帯用コンロのカセットボンベに入っているガスはブタンだし、ハイオクというのは、ガソリンの中で、オクタンが多く含まれているもの、という意味だ。

炭素の数が少ない石油は「身が軽く」ガス状態だけれど、炭素の数が増えるとともに、常温では液体となり、ガソリン、灯油、軽油、重油と引火性が低くなり、全体的にどろっとしてくる。

重油よりもさらに炭素がたくさんつながってできた石油の仲間が、ロウだ。試験管でロウを熱すると、液体になった。ロウは石油の仲間だからだ。

油と油は仲がいい

くだいたロウを、水と一緒に試験管に入れ、熱してみる。

やがてロウはとけるが、水とは混じり合わず、分かれたまま。

ここで「水と油は、インとマヤーだね」と、ある生徒が発言したので、みんな大笑い。インとマヤーはイヌとネコという意味で、標準語に直せば「犬猿《けんえん》の仲」ということになる。

透明なプラスチックびんに水とヨードチンキを入れる。水は、ヨードチンキの色である、褐色に染まる。次に、このびんに油を入れる。すると油は茶褐色にそまった水の上にうく。

このびんをよくふると、一時的に油が小さな粒になって水に混じるので、全体がにごる。これをしばらくおいておくと、油が水と分離してうくが、見ると、今度は油がヨードチンキにそまった茶色になり、水は透明にもどる。

じつは、ヨードチンキは、ヨウ素をアルコールにとかしたもの(ほかに、ヨウ化カリウムも含む)。ヨウ素は水にはとけないが、アルコールにはとける。アルコールは水にとけるので、ヨードチンキを水に入れると、水全体が褐色にそまる。

ところが、ヨウ素はもともと水にはとけず、油にとける。そのため、油と混ぜてふると、水にとけていたヨウ素が油のほうに移動する。

6時間目の授業で、世のなかのものは、「金属」「非金属」「金属と非金属がくっついたもの」にわかれるという見方を紹介した。「金属と非金属がくっついたもの」はイオン結合で結びついていて、水にとけるものがある(その水溶液は電気を通す)。

その一方、非金属の代表のひとつが油だ。油は水とは仲が悪い。そして非金属は、油と親和性が高い。

かつて熊本県の水俣《みなまた》でチッソという会社の工場が引きおこした公害、いわゆる水俣病は、有機水銀中毒だった。有機水銀というのは、水銀が油の仲間とくっついた状態になっているという意味だ。「油は油と仲がいい」。そのため、有機水銀は、体内に取りこまれると、体の脂質とくっついて、出て行かなくなる。

海中に排出された有機水銀が、プランクトンから魚に取りこまれ、さらにその魚を食べた人の体に蓄積していき、感覚障害や手足のけいれんなど特有の症状を引きおこすようになる。生体濃縮《せいたいのうしゅく》とよばれる現象だ。

油にとけこんだ毒は生き物にとって、とてもやっかいな毒としてはたらくのである。

油は油と仲がいい。油と水は仲が悪い。

しかし、例外もある。水とも油とも仲がいい物質もあるのだ。

そんな物質を利用したものとして、マヨネーズがある。

マヨネーズのおもな原料は、酢と油だ。酢は水でうすめることができる。水と仲がいいものだから、当然、油とは仲が悪い。このままだと、酢と油はいつまでも分離したままだ（ふだんは分離状態にあって、ふることで一時的に混ぜて使うものがドレッシングだ）。

マヨネーズは、この両者をとりもつものとして、卵黄を使う。卵黄に含まれるレシチンは、油と水の両方と仲がいい。そのため、酢と油が混ざった状態（コロイド）となり、分離しない。

話だけではなくて、油と酢と卵黄からマヨネーズをつくって、パンにぬって試食してみる。

このように、水と油を混ぜるはたらきをする物質を界面活性剤《かいめんかっせいざい》とよぶ。この界面活性剤を利用しているのが、石けんや洗剤だ。

石けんや洗剤は、人間がつくり出したものだけれど、自然界がつくり出した石けんもある。たとえばムクロジの実には、サポニンとよばれる界面活性作用をもつものが含まれている。

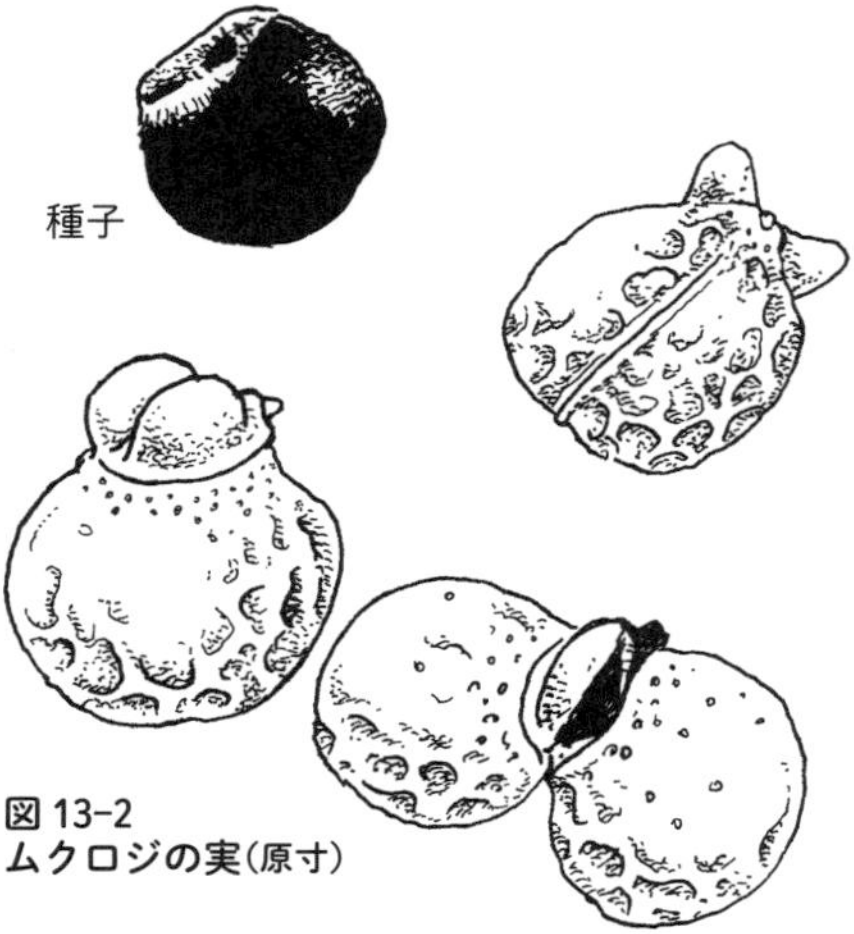

図 13−2
ムクロジの実（原寸）

ムクロジは、果物のライチーやリュウガンと同じムクロジ科の植物の木の実だ（図13−2）。今のように石けんや洗剤が市販されていなかった時代には、ムクロジの実は洗剤がわりに重宝《ちょうほう》され、神社の境内《けいだい》などに植えられることもあった。秋に黄色く熟した実をつけるが、この実はライチーのように食べることはできない。

実は中空で、そのなかに大きめの、黒くかたい種《たね》がひとつだけ入っている。石けんがわりとして使うのは中空になっている実の部分で、これをちぎって水に入れてかき混ぜると、石けんのように泡立つ。ちなみに、かたい種は、正月のはねつきの羽根の根元にある黒い玉に使われる。

ムクロジの実を各自に配り、コップのなかにちぎった実と水を入れ、ストローでその水を吹いて泡立ててもらう。

「初めてですね」

「楽しいね」

「これ、どこらへんにある実なんですか?」

神社の少ない沖縄では、ムクロジは本部《もとぶ》半島(沖縄本島北部にある半島)で見たことがあるぐらいと、話をした。

「油にもいろいろな種類がありましたね。ガスやロウも油(脂)の仲間です。そして油と油は仲がいい。でも油と仲が悪い水と、油を仲直りさせるような物質もあるわけです。来週はこの話と関連して、石けんをつくろうと思います」

こうまとめ、次回は、石けんの材料となる、廃油《はいゆ》のある人は持ってくるように伝えて授業を終えた。

メモ

海で生まれた生命は、水と親和性が高い。その一方で、あまりに水にとけやすいと、体のなかのものがみな周囲に散らばってしまうから、体内のものを閉じこめるために、油の膜《まく》で、体の内と外をしきるようになった。

だから、界面活性剤は生命にとって「こわい」存在でもある。界面活性剤は、体内と体外をしきっている油の膜を通り抜け、体内に入りこめる力を持っている。排水に洗剤が大量に含まれていると、水中の生き物が死んでしまうのはこうした理由からだ。

そうやって考えてみると、自分の頭をせっせとシャンプーで洗っていて、本当に大丈夫なのかということも立ち止まって考えてみる必要がありそうだ。

油と親和性のある毒もこわい、ということも、忘れないようにしたい。

14時間目

石けんをつくろう
——油とアルカリ

ペットボトルに
廃油を入れて・・・
石けんをつくる

廃油《はいゆ》石けんづくり

廃油を使った石けんづくりをするにあたって、前回の授業で紹介した界面活性剤《かいめんかっせいざい》の特性について復習した。そのうえで、廃油石けんづくりのプリントをみんなで読みあわせてみる。

プリントには水酸化ナトリウムやアルカリという用語がでてくる。3時間目のホットケーキを焼く実験で炭酸ナトリウムはアルカリで苦みがある、という話をした。

水酸化ナトリウムは強アルカリなので、素手でさわることをさけるべき薬品だ。強アルカリはタンパク質をとかす作用がある（素手でさわると皮膚《ひふ》がとかされてしまう）。そのため身近なところでは

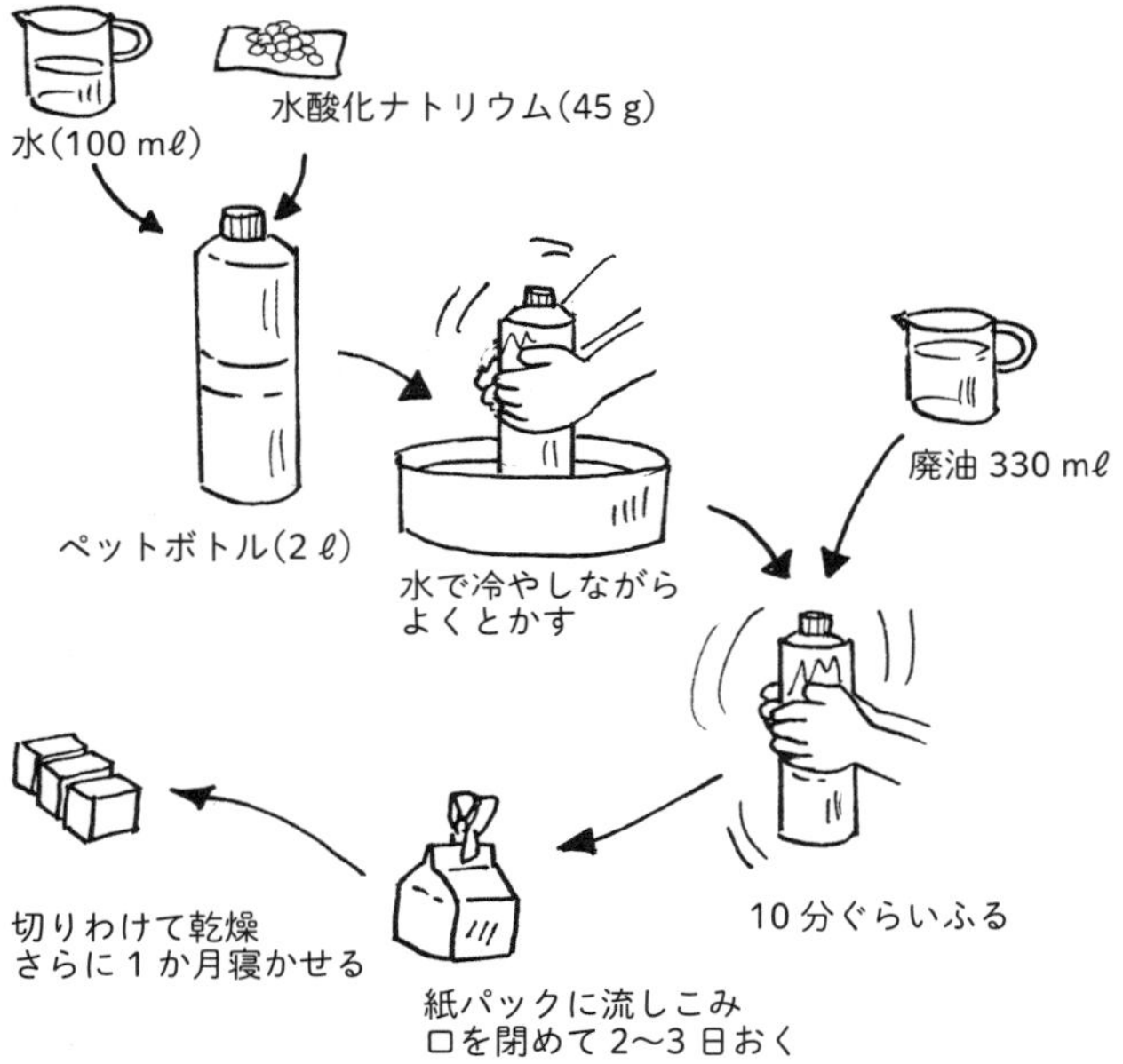

図 14-1　廃油石けんをつくる

排水パイプクリーナーに利用されていて、排水パイプ中の髪の毛などの異物をとかすのにはたらいている。

石けんのつくり方はいろいろあるが、強アルカリの水酸化ナトリウムを使うので、できるだけ作業にともなう危険性が低いやり方を選ぶことにした。具体的には、加熱をしない方法をとりあげてみた。

ごく簡単に製法を説明すると、以下の通り(図14－1)。

2リットル入りの大きなペットボトルを用意する。

ペットボトルに水酸化ナトリウム（苛性《かせい》ソーダ）45グラムを入れ、そこに水100ミリリットルを加える。熱がでるので、水を入れた容器に入れて冷やしながら、ふり、水酸化ナトリウムを完全にとかす。

水酸化ナトリウムが完全にとけ、さらにペットボトルが冷えたら、そこに廃油（330ミリリットル）を入れ、10分ぐらいふる。その後、紙パックを利用した型に流しこみ、その型の口を閉めて2～3日おく。

2～3日したら型から抜き、適当な大きさに切り乾燥《かんそう》。1か月ほど寝かせてから使用する。


こんな方法である。

水酸化ナトリウムを使用するので、その取り扱いには十分に気をつけるように注意をする（特に目にふれないように。万一ふれた場合は、急いで大量の水で洗い流す）。

一人ひとり、廃油、水、水酸化ナトリウムをはかり、手順にそって石けんづくりを進めていく。生徒たちは水酸化ナトリウムをはかるときに、一番緊張していた。ある生徒は、水酸化ナトリウムが水にとけきる前に廃油を入れてしまったため、とけ残った水酸化ナトリウムが油と反応せず、うまく石けんにならなかった。

油とアルカリ

石けんというのは、こんなふうに、アルカリと油脂をくっつけたものだ。アルカリは水と仲が良く、油脂はもちろん油脂と仲がいい。そのため石けんは、水と油の両方と仲良くすることができる(油よごれにくっつき、水で流し去ることができる)。

神奈川県高教組「洗剤読本」編集委員会が1989年につくった『高校生のための洗剤読本』という小冊子によると、「現在使われている石けんが使われるようになったのはヨーロッパでもせいぜい200年前からである。当時天然痘《てんねんとう》など伝染病が流行したので予防として身の回りを清潔にする必要があった。そこで石けんがつくられるようになったのである。ところで石けんの原料には動植物の油脂とアルカリが必要でとくにアルカリが不足していた。当時は草木を燃やして、灰《はい》から炭酸カリウム(K_2CO_3)などのアルカリをとり出していたのである。1775年ルブランが食塩水から炭酸ナトリウムをつくる方法を発見し石けんの大量生産が可能になった……」とある。

水酸化ナトリウムといった強いアルカリが、昔から潤沢《じゅんたく》に使えたわけではないのだ。

石けんをつくり終えて、時間が多少あまったので、アルカリについての説明を加えることにした。

まず、ミカンの缶詰をあけて一人ひとりに中身を配り、生のミカンとのちがいを考えてもらった。

「袋がないですね」

「甘いです」

このミカンの袋を取りのぞくのに、アルカリを使っているという話をして、実際に水酸化ナトリウムで生のミカンを煮てみせた。

「なんだか缶詰のミカンを食べるのが、こわいね」

このような声が聞かれたので、アルカリで処理をしたあとに、酸を使って、アルカリの成分を打ち消していることにもふれる。

また、缶詰のミカンはアルカリで煮ているので、もともとあった酸味が打ち消されて甘味だけが残っているうえ、さらにシロップを加えているので生のミカンより甘いという説明をする。

酸によるアルカリの打ち消しの例として、シャンプーの話もとりあげる。

石けんづくりにアルカリを使ったけれど、シャンプーなどもアルカリ性で、このアルカリを打ち消すために、髪を洗うときは酸性のリンスを、しあげに使うという話だ。

アルカリには、よごれを落とす性質があるのだけれど、同時にタンパク質をとかす作用や変性させる作用がある。だからシャンプーの成分が髪に残っていると、髪が傷《いた》んでしまう（酸性であるということなら、市販のリンスではなく、レモン汁や酢でもよいわけだ。そのほうが環境にはいい）。

アルカリによるタンパク質の変性のわかりやすい例としては、沖縄そばがあることも紹介した。

アルカリというのは、もともとアラビア語で灰を指している。灰と水を混ぜてろ過した灰《あ》汁《く》は、身近なアルカリ溶液として、昔からさまざまに利用されてきた。

沖縄そばは、もともとは小麦粉に灰汁を混ぜてつくった。アルカリの作用で、小麦粉に含まれるタンパク質が変性し、色が黄色っぽくなると同時に、弾力が増す。

中華麺《めん》も同じようにアルカリを加えた麺で、沖縄そばは、最近は灰汁ではなく、中華麺同様、かんすい（アルカリ塩水溶液）が加えられている。これに対して、小麦粉と塩だけでつくられた麺がうどんで、麺の色が白く、沖縄そばや中華麺に比べると麺の弾力は弱い。

「沖縄そばは、うどんと原料の粉は一緒だったんですね」

そんな声と一緒に、「食べ物に含まれる成分についてもう少し学んでみたい」という声が出される。

「今日は身近な石けんが何と何からつくられているのかを学んでみました。油とアルカリというのがその答えでしたね。弱いアルカリは食品にも使われているわけですが、来週はリクエストがあったので、食品添加《てんか》物《ぶつ》をとりあげてみましょう」

そう言って、授業を終えることにした。

メモ

そろそろ夜間中学の授業も終わりに近づいてきた。

この授業では、「もの」にふれあうことをできるだけとりこむようにしてみた。アルカリという用語が、アラビア語に由来しているように、化学は、世界のあちこちで人々が「もの」とふれあってきた過程の集大成である。

だから僕たちも、その結果だけでなく過程に立ち返って、化学を見る必要があるように思う。

15時間目　化学は「もの」の学問
──くらしの知恵とのかかわり

食べ物の色

「今日もごちそうですか？」

教室にコンロを持ちこむと、そんな声があがる。今日が最後の授業だ。思い返せば、初回の授業の時も、同じように「ごちそうですか？」と聞かれた。

フライパンをコンロの火にかけ、中華麺《めん》を入れて温める。ツナを加え、カレー粉とターメリックも加える。

ここで失敗に気づく。

本来なら、中華麺に含まれるアルカリ性のかんすいによって、カレー粉やターメリックの成分であるクルクミン（黄色）が赤く変色し、黄色い麺が

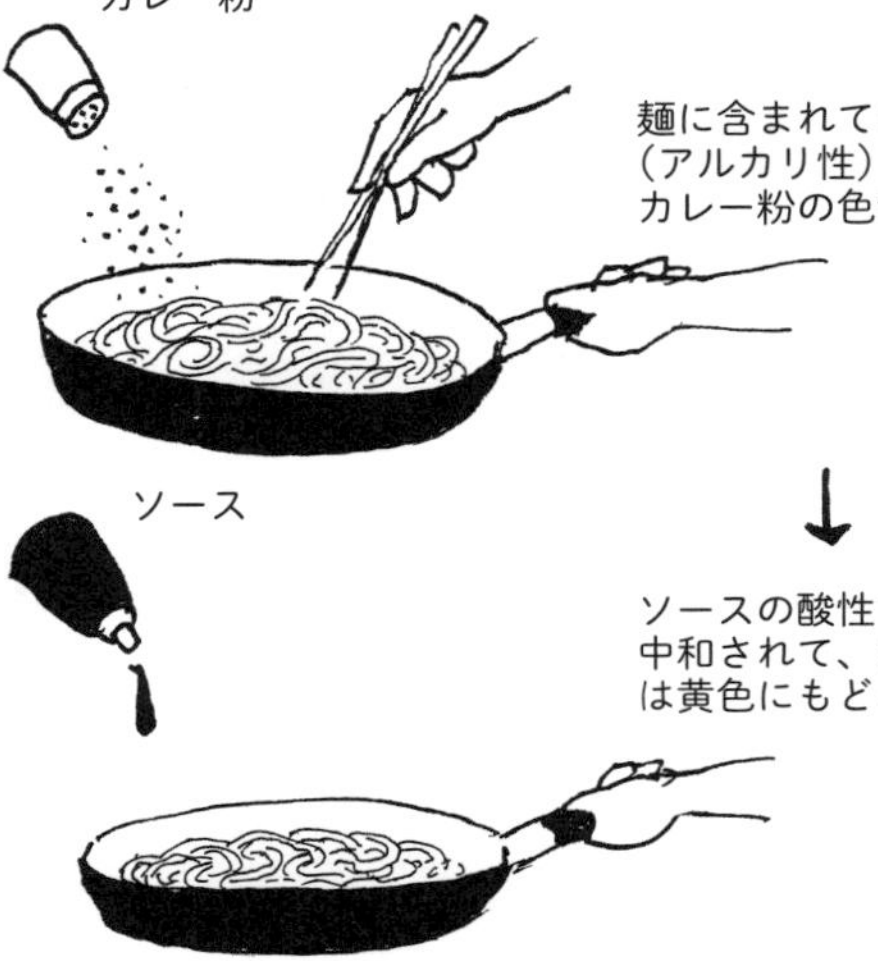
カレー粉
麺に含まれているかんすい
(アルカリ性)によって、
カレー粉の色素が赤く変色する
ソースの酸性でアルカリ性が
中和されて、カレー粉の色素

図 15-1　中華麺の実験

赤くなるはずだった。それが、黄色のまま。どうやら、この中華麺にはあまりかんすいが含まれていないようだ。

予定では、中華麺をカレー味にすると麺が赤くなり、そこにウスターソースを加えると、今度はソースに含まれている酸のはたらきでかんすいのアルカリの作用が中和されて赤く変色したクルクミンが黄色にもどる(元の黄色い麺にもどる)という、色の変化を見る実験だったのだけど(図15−1)。

やむなく、なんだかまぬけだけれど、焼きそばは焼きそばとして食べた。そのあと、改めてターメリックをとかした水にアルカリと酸の溶液をそれぞれ入れて、色が変わることを見てもらった。

中華麺にはアルカリ性のかんすいが入っている。

カレー粉(ターメリック)には、アルカリ性で色が赤くなるクルクミンが入っている。

ウスターソースには酸が入っている。

こうした食品に含まれる成分が、相互に作用しておこる現象がある。ここから、食品に含まれる、さまざまな成分の話をした。

次に配ったのは、アメリカのM&Mというチョコレート菓子。小さなチョコレートの粒の表面が、あざやかに、赤、オレンジ、青、緑、黄、茶に色づけられている。合成着色料のなせる技だ。

一方、似たような形のチョコレート菓子でも、日本産のマーブルチョコは、天然色素で色をつけている。では、どんな天然色素を使っているのだろう。

「赤は虫を使うと言いませんか？」

生徒の、この発言に驚く。たしかに、虫からとりだされた赤い色素が食品に使われる場合がある。カイガラムシの仲間でサボテンの汁《しる》を吸ってくらすコチニールカイガラムシから取った色素を使う場合と、東南アジアで木の汁を吸ってくらすラックカイガラムシから取った色素を使う場合である。

スーパーの店先で調べてみると、たとえばあんこに使われているアズキにこうした色素が使われていたりするし、かき氷用のイチゴシロップの赤にも使われていたりする。

ただしマーブルチョコレートの赤色には、ビートを使っているとある。8時間目でも紹介したように、ビートはサトウダイコンやンスナバーと沖縄でよばれるフダンソウと同じ種類の野菜だ。

黄色はクチナシや紅花《べにばな》、橙《だいだい》はベニノキのカロチン、青はシアノバクテリアの仲間のスピルリナ、黒はイカスミ……こうしたものが、マーブルチョコで使われている天然色素の原料だ。

これに対して、M&Mに使われている色素は黄4号や青1号といった合成色素である。黄4号や青1号といった色素は市販もされている。これを買ってきて、それぞれ水にとかす。この2つの液をまぜれば、今度は緑色ができる。氷メロンのシロップの色はこうしてつくられる。青1号はM&Mの青色コーティングだけでなく、グリーンピースにも使われている。

「あれは、天然の色じゃないの?」

「そういえば、あざやかだね」

「紅イモの粉を買ってきてモチをつくったりしているけれど、あの色は大丈夫かね?」

紅イモの粉の色はアントシアンという天然色素だ。この色素も、クルクミン同様、酸性とアルカリ性で色が変わる性質がある。

たとえば、ホットケーキ粉に紅《べに》イモの粉を混ぜて焼くと、紫色ではなく、緑色のホットケーキが焼きあがる。ホットケーキ粉には重曹《じゅうそう》が含まれているが、重曹はアルカリ性で、アントシアンはアルカリ性だと緑色に変色するからだ。

生徒たちは、漠然と合成色素は体に悪いのではないかという不安を抱いている。調べると、合成色素に関しては、アレルギーとの関連性など安全に対する疑問の声があるものもある。

そのことを伝えた。

化学は「もの」の学問

ところで、食品添加《てんか》物《ぶつ》には、いろいろなものがある。合成保存料もそのひとつだ。

「昔、冷蔵庫がなかった時代、食品の保存はどうしていたのですか？」

「肉はびんのなかに塩づけにしていたねぇ」

「あと、木の下の風通しのいいところに、タケで編んだざるをつるして、その上にイモをのせておいたり。このざるは、サゲディールとよんでいました」

「ニンニクとらっきょうは塩でつけて、そのあと、泡盛《あわもり》と砂糖でつけ直しましたね」

「味噌《みそ》はびんに入れていましたね」

「味噌をさわるときは、泡盛で手を洗っていましたよ。そうしないと、カビてしまうから。味噌を取ったら、その表面には塩をふってね」

「あたしのおばあちゃんは、味噌は若い人にさわらせなかったよ。体温があがっているから、くさりやすくなるからと」

このように、昔のくらしは、日常のすみずみにくらしの知恵がちりばめられていた。


「今は、そうした知恵を忘れても、生きていけるようになりました。冷蔵庫もあります。パックされた食品を手にすれば、そこには賞味期限も書いてあります。自分で工夫も判断もする必要がありません。

でも、もし賞味期限の日付に、うそを書かれていたらどうでしょう？　昔なら、食べる前に自分でくさっていないかチェックしましたよね。少しいたみかけていたら、それはそれでどうしたらよいかという知恵もまたありました。

みなさんから1年間かけてうかがった、知恵や体験談は、これから今の中高生たちや大学生たちに理科の授業をするときに、とても参考になる話ではないかと思います。

今年、みなさんと一緒に学んできたのは、理科のなかでは化学とよばれる分野のことが中心になっています。その化学というのは「もの」の学問のことです。

たとえば金属には「みがくと光る」「電気を通す」「たたくと延びる」という3つの性質がありましたね。みなさんは学校に満足に通えなかったわけですが、くらしのなかでさまざまな体験をされてきています。ですから「金属はたたくと延びる」と授業の中で説明をすると「ああ、昔コンビーフの金具をたたいて針にして」というお話がでてくるわけです。こんなふうに、理科の学びは「くらしの知恵」や「くらしの知識」と結びつくものだと思います。

でも、今の子どもや若者たちは、学校には通っていても、日々のくらしでさまざまなことを体験することが少なくなってしまっています。みなさんと一緒に学んだことを思い返しながら、今の子どもや若者たちに、どんなふうに「もの」のことを教えていったらいいか、これから考えていこうと思います。

みなさんと化学を勉強したおかげで、僕のほうこそ、いろいろなことを教えていただいたように思います。1年間、ありがとうございました」

僕はこんなふうに言って、授業を終えた。

あとがき

ここまでこの本を読んでくださった読者のみなさんは、夜間中学の授業について、どのような感想をお持ちになっただろうか。

最後の授業で口にしたように、夜間中学の授業は、僕が生徒の皆に教えていることよりもずっと多くのことを、僕が生徒たちから教わった。くり返しになるけれど、僕が夜間中学で化学分野を扱いながら強く思ったのは、化学は本来「もの」を扱う、くらしに密接した学問だということだ。

化学式や計算など、それを理解し、扱うことで、もっと深くわかることがたしかにある。でもその前に、僕はまず、さまざまなものとかかわって生きてきたことに立ち返りたい。ふだん口にしている「化学」や「科学」といった言葉から押し出されてしまっていることがないか、ふり返ってみる必要があるように僕は思う。

このことに関して、本書で紹介したクラスとは別の学年の夜間中学の授業でも、印象的なやりとりがあった。本書の11時間目に小麦粉のグルテンから麩《ふ》をつくるという授業が紹介されている。この授業内容を扱ったときの話だ。

この年のクラスでは、この麩という「もの」をきっかけに、生徒だったある女性の体験談が語られ出した。

曰《いわ》く。

自分は南米で生まれた。父親の出身地の沖縄に来たのは15歳のころだった。そのときは、スペイン語しか話せなかった。朝から晩まで畑仕事。水があわず、全身におできができる状態だった。あまりのつらさに耐えかねて反発したら「働かざる者、喰《く》うべからず」と一蹴《いっしゅう》されてしまった。

見かねた人に連れ出されるようにしてその家を出て、親戚の家にひきとってもらうことになった。身を寄せることになったこの家でも、なお日本語を話せず、家の人には口がきけないかと思われていた。

「その家の仕事が麩づくりだったんですよ」

もう流ちょうに日本語を話す生徒が、そう続けた。

なんと返せばいいかと思ってしまった。

いや、ただ聞くしかないのだと気がついた。

こんな話が、何かの拍子にひょいと出てきて、それをみんなで聞き合える場。それが夜間中学の教室だった。

「はじめに」に書いたように、僕は今、大学で小学校の教員をめざす学生たちに、理科教育の授業をしている。6時間目の授業で紹介した、「世界の3大物質」という授業内容はその一コマだ。

世界の3大物質とは「金属」「非金属」「金属と非金属がくっついたもの」という区分だった。これを見てわかるように、物質世界を理解するうえで、金属は重要な存在だ。だから大学の授業でもあらためて、金属の3大性質(4時間目の授業)を扱っている。金属の3大性質とは「みがくと光る」「電気を通す」「たたくと延びる」というものだった。

この大学での金属を扱った授業で、僕は夜間中学生の語ってくれたエピソードを紹介している。

「夜間中学で教えていて気づいたことがある。夜間中学ではね、生徒たちがよく〝ああ〟っていうんだ。たとえば、金属はたたくと延びるというとね、〝ああ、私が捕虜《ほりょ》収容所にいたときに……〟と」

捕虜収容所でマラリアがはやり、布団《ふとん》をつくるのにコンビーフの金具をたたいて針をつくったというHさんの話だ。この話を聞いて、学生たちは「おおっ」という声をあげる。

「理科って本当は、くらしの体験に結びついて、その理由を明らかにしたり、法則性と結びつけたりするものじゃないかな。くらしの体験に結びつく話をすると、夜間中学の生徒は〝ああ〟っていうんだ。

それで、今、僕がへたな授業を普通の小中高校ですると、生徒は〝ああ〟じゃなくて、〝へぇー〟って言うよ。これは、話が彼らのなかに結びつくものがなかったということだと思う。

でもね、今の小中高校生にも〝ああ〟って言ってもらえる授業って、あると思う。みんなも学校の先生になったら、〝へぇー〟じゃなくて〝ああ〟といわれる授業ができたらいいな」

こんなメッセージも僕は学生たちに伝えている。

本書で紹介したような学びの日々を送った夜間中学生たちが、卒業後、僕の大学で、学生たちを前にして話をしてくれる機会があった。３人の卒業生が１００人ほどの若い学生たちを前に、嬉々《きき》として夜間中学で学んだことについて語ってくれた。

「夜間中学で何を学んだか……それはね、こうしてみなさんの前で話をしたりできるようになったということです。それまでは、人前に出て話をするなんて、とてもできませんでした。それが、いろんなことに自信がついて。今は、もっと学びたいって思います」

70歳を超える夜間中学生が、「もっと学びたい」と口にするのを、若い大学生たちは、やや圧倒される様子で聞き入っていた。

「学ぶことで、新しい自分に会えるんです」

――夜間中学の生徒たちが学校に通うわけをそんなふうに言っていることに、何度でも立ち返りたいと僕は思う。

本書を読んで、もっと化学について学んでみたいと思う方がいたら、岩波ジュニア新書『実験大好き！　化学はおもしろい』（盛口襄著、二〇〇三年）をおすすめしたい（現在は電子版のみ）。

じつは、この『実験大好き！　化学はおもしろい』を書いているのは僕の父（故人）だ。僕は化学が苦手だったと書いたけれど、僕の父親は化学教育の専門家だった。もちろん、僕の化学についての知識は父の足元にも及ばない。

それでも、門前の小僧《こぞう》……ならではで、父とときおり交わしたやりとりが、本書に書いた内容の基盤になっている。僕が化学の本を出したと父が知ったら笑ってしまうのではないかと思うが、それでも、喜んでもくれただろう。

このような機会をつくってくれた岩波書店編集部の塩田春香さんに感謝したい。また、珊瑚舎《さんごしゃ》スコーレ夜間中学校の星野人史校長をはじめとしたスタッフのみなさん、そしてなにより夜間中学の生徒たちに、心からお礼を言いたい。

2018年11月

盛口 満

盛口 満
1962年生まれ．小学校時に突然，貝殻拾いにはまり，そこから「生き物屋」という病にとりつかれる．あだ名はゲッチョ．千葉大学理学部生物学科に進学するも，研究者にはむいていないことに気づき，教員を目指す．卒業後，私立自由の森学園・中高等学校の教諭に着任．2000年に同校を退職し，沖縄に移住．NPO珊瑚舎スコーレの活動に関わる(2005〜11年に夜間中学で理科を担当)．2007年より，沖縄大学人文学部こども文化学科の教員となり，理科教育を担当(現在，教授)．生き物のイラストを描き，自然に関する普及書も多数執筆している．
主な著書に『自然を楽しむ　見る・描く・伝える』『生き物の描き方　自然観察の技法』(ともに東京大学出版会)など．ブログ「ゲッチョのコラム」も公開中．

めんそーれ！ 化学
—おばあと学んだ理科授業　　岩波ジュニア新書 889

2018年12月20日　第1刷発行
2020年10月15日　第3刷発行

著　者　盛口《もりぐち》 満《みつる》

発行者　岡本 厚

発行所　株式会社 岩波書店
〒101-8002 東京都千代田区一ツ橋 2-5-5
案内 03-5210-4000　営業部 03-5210-4111
ジュニア新書編集部 03-5210-4065
https://www.iwanami.co.jp/

印刷製本・法令印刷　カバー・精興社

ISBN 978-4-00-500889-6　　Printed in Japan

岩波ジュニア新書の発足に際して

きみたち若い世代は人生の出発点に立っています。きみたちの未来は大きな可能性に満ち、陽春の日のようにひかり輝いています。勉学に体力づくりに、明るくはつらつとした日々を送っていることでしょう。

しかしながら、現代の社会は、また、さまざまな矛盾をはらんでいます。営々として築かれた人類の歴史のなかで、幾千億の先達《せんだつ》たちの英知と努力によって、未知が究明され、人類の進歩がもたらされ、大きく文化として蓄積されてきました。にもかかわらず現代は、核戦争による人類絶滅の危機、貧富の差をはじめとするさまざまな人間的不平等、社会と科学の発展が一方においてもたらした環境の破壊、エネルギーや食糧問題の不安等々、来るべき二十一世紀を前にして、解決を迫られているたくさんの大きな課題がひしめいています。現実の世界はきわめて厳しく、人類の平和と発展のためには、きみたちの新しい英知と真摯《しんし》な努力が切実に必要とされています。

きみたちの前途には、こうした人類の明日の運命が託されています。ですから、たとえば現在の学校で生じているささいな「学力」の差、あるいは家庭環境などによる条件の違いにとらわれて、自分の将来を見限ったりはしないでほしいと思います。個々人の能力とか才能は、いつどこで開花するか計り知れないものがありますし、努力と鍛練の積み重ねの上にこそ切り開かれるものですから、簡単に可能性を放棄したり、容易に「現実」と妥協したりすることのないようにと願っています。

わたしたちは、これから人生を歩むきみたちが、生きることのほんとうの意味を問い、大きく明日をひらくことを心から期待して、ここに新たに岩波ジュニア新書を創刊します。現実に立ち向かうために必要とする知性、豊かな感性と想像力を、きみたちが自らのなかに育てるのに役立ててもらえるよう、すぐれた執筆者による適切な話題を、豊富な写真や挿絵とともに書き下ろしで提供します。若い世代の良き話し相手として、このシリーズを注目してください。わたしたちもまた、きみたちの明日に刮目《かつもく》しています。（一九七九年六月）

888・887
数学と恋に落ちて
未知数に親しむ篇
方程式を極める篇
ダニカ・マッケラー
菅野仁子 訳

将来、どんな道に進むにせよ、数学はあなたに力と自由を与えます。数学を研究し、女優としても活躍したダニカ先生があなたの夢をサポートする数学入門書の第二弾。式の変形や関数のグラフなど、方程式でつまずきやすいところを一気におさらい。

890
情熱でたどるスペイン史
池上俊一

長い年月をイスラームとキリスト教が影響しあって生まれた、ヨーロッパの「異郷」。衝突と融和の歴史とは？（カラー口絵8頁）

891
不便益のススメ
―新しいデザインを求めて
川上浩司

効率化や自動化の真逆にある「不便益」という新しい思想・指針を、具体的なデザイン、モノ・コトを通して紹介する。

892
ものがたり西洋音楽史
近藤　譲

中世から20世紀のモダニズムまで、作曲家や作品、演奏法や作曲法、音楽についての考え方の変遷をたどる。

893
「空気」を読んでも従わない
―生き苦しさからラクになる
鴻上尚史

どうしてこんなに周りの視線が気になるの？どうして「空気」を読まないといけないの？その生き苦しさの正体について書きました。

894 内戦の地に生きる —フォトグラファーが見た「いのち」 橋本 昇

母の胸を無心に吸う赤ん坊、自爆攻撃した息子の遺影を抱える父親…。戦場を撮り続けた写真家が生きることの意味を問う。

895 ひとりで、考える —哲学する習慣を 小島俊明

主体的な学び、探求的学びが重視されているなか、フランスの事例を紹介しながら「考える」について論じます。

896 「カルト」はすぐ隣に —オウムに引き寄せられた若者たち 江川紹子

オウムを長年取材してきた著者が、若い世代に向けて事実を伝えつつ、カルト集団に人生を奪われない生き方を説く。

897 答えは本の中に隠れている 岩波ジュニア新書編集部編

悩みや迷いが尽きない10代。そんな彼らに、個性豊かな12人が、希望や生きる上でのヒントが満載の答えを本を通してアドバイス。

898 ポジティブになれる英語名言101 小池直己 佐藤誠司

プラス思考の名言やことわざで基礎的な文法を学ぶ英語入門。日常の中で使える慣用表現やイディオムが自然に身につく名言集。

899 クマムシ調査隊、南極を行く! 鈴木 忠

白夜の夏、生物学者が見た南極の自然とは? 笑いあり、涙あり、観測隊の日常がオモシロい!〈図版多数・カラー口絵8頁〉

900 **男子が10代のうちに考えておきたいこと**
田中俊之
男らしさって何？　性別でなぜ期待される生き方や役割が違うの？　悩む10代に男性学の視点から新しい生き方をアドバイス。

901 **カガク力《りょく》を強くする！**
元村有希子
疑い、調べ、考え、判断する力＝カガク力！科学・技術の進歩が著しい現代だからこそ、一人一人が身に着ける必要性と意味を説く。

902 **世界の神話**
沖田瑞穂
個性豊かな神々が今も私たちを魅了する聖なる物語・神話。世界各地に伝わる神話のエッセンスを凝縮した宝石箱のような一冊。

903 **「ハッピーな部活」のつくり方**
中澤篤史
内田　良
長時間練習、勝利至上主義など、実際の活動から問題点をあぶり出し、今後に続くあり方を提案。「部活の参考書」となる一冊。

904 **ストライカーを科学する**
―サッカーは南米に学べ！
松原良香
南米サッカーに精通した著者が、現役南米代表などへの取材をもとに分析。決定力不足を克服し世界で勝つための道を提言。

905 **15歳、まだ道の途中**
高原史朗
「悩み」も「笑い」もてんこ盛り。そんな中学三年の一年間を、15歳たちの目を通して瑞々しく描いたジュニア新書初の物語。

906
レギュラーになれないきみへ
元永知宏
スター選手の陰にいる「補欠」選手たち。果たして彼らの思いとは？ 控え選手たちの姿を通して「補欠の力」を探ります。

907
俳句を楽しむ
佐藤郁良
句の鑑賞方法から句会の進め方まで、季語や文法の説明を挟み、ていねいに解説。句作の楽しさ・味わい方を伝える一冊。

908
発達障害 思春期からのライフスキル
平岩幹男
「今のうまくいかない状況」をどうすれば「何とかなる状況」に変えられるのか。専門家がそのトレーニング法をアドバイス。

909
ものがたり日本音楽史
徳丸吉彦
縄文の素朴な楽器から、雅楽・能楽・歌舞伎・文楽、現代邦楽…日本音楽と日本史の流れがわかる、コンパクトで濃厚な一冊！

910
ボランティアをやりたい！
―高校生ボランティア・アワードに集まれ
さだまさし
風に立つライオン基金 編
「誰かの役に立ちたい！」各地でボランティアを行っている高校生たちのアイディアに満ちた力強い活動を紹介します。

911
オリンピック・パラリンピックを学ぶ
後藤光将編著
オリンピックが「平和の祭典」と言われるのはなぜ？ オリンピック・パラリンピックの基礎知識。

912 新・大学でなにを学ぶか　上田紀行 編著
大学では何をどのように学ぶのか？ 池上彰氏をはじめリベラルアーツ教育に携わる気鋭の大学教員たちからのメッセージ。

913 統計学をめぐる散歩道
―ツキは続く？ 続かない？　石黒真木夫
天気予報や選挙の当選確率、くじの当たり外れやじゃんけんの勝敗などから、統計のしくみをのぞいてみよう。

914 読解力を身につける　村上慎一
評論文、実用的な文章、資料やグラフ、文学的な文章の読み方を解説。名著『なぜ国語を学ぶのか』の著者による国語入門。

915 きみのまちに未来はあるか？
―「根っこ」から地域をつくる　除本理史　佐無田光
地域の宝物＝「根っこ」と自覚した住民によるまちづくりが活発化している。各地の事例から、未来へ続く地域の在り方を提案。

916 博士の愛したジミな昆虫　金子修治　鈴木紀之 編著　安田弘法
SFみたいなびっくり生態、生物たちの複雑怪奇なからみ合い。その謎を解いていくワクワクを、昆虫博士たちが熱く語る！

917 有権者って誰？　藪野祐三
あなたはどのタイプの有権者ですか？ 社会に参加するツールとしての選挙のしくみや意義をわかりやすく解説します。

918 議会制民主主義の活かし方
—未来を選ぶために
糠塚康江

私達は忘れている。未来は選べるということを。必要なのは議会制民主主義を理解し、使いこなす力を持つこと、と著者は説く。

919 繊細すぎてしんどいあなたへ
HSP相談室
串崎真志

繊細すぎる性格を長所としていかに活かすかをアドバイス。「繊細でよかった!」読後にそう思えてくる一冊。

920 10代から考える生き方選び
竹信三恵子

10代にとって最適な人生の選択とは? 各選択肢が孕むメリットやリスクを俯瞰しながら、生き延びる方法をアドバイスする。

921 一人で思う、二人で語る、みんなで考える
—実践! ロジコミ・メソッド
追手門学院大学成熟社会研究所 編

課題解決に役立つアクティブラーニングの道具箱。多様な意見の中から結論を導くロジカルコミュニケーションの方法を解説。

922 できちゃいました! フツーの学校
富士晴英とゆかいな仲間たち

生徒の自己肯定感を高め、主体的に学ぶ場を作ろう。校長からのメッセージは「失敗OK!」「さあ、やってみよう」

923 こころと身体の心理学
山口真美

金縛り、夢、絶対音感——。様々な事例をもとに第一線の科学者が自身の病とも向き合って解説した、今を生きるための身体論。